厚生労働省認定教材	
認定番号	第59009号
認定年月日	平成10年9月28日
改定承認年月日	平成21年2月20日
訓練の種類	普通職業訓練
訓練課程名	普通課程

改訂２版

緑化植物の
保護管理と農業薬剤

独立行政法人　高齢・障害・求職者雇用支援機構
職業能力開発総合大学校　基盤整備センター　編

は　し　が　き

本書は職業能力開発促進法に定める普通職業訓練に関する基準に準拠し，園芸サービス系の関連科目のための教科書として作成したものです。

作成に当たっては，内容の記述をできるだけ平易にし，専門知識を系統的に学習できるように構成してあります。

このため，本書は職業能力開発施設で使用するのに適切であるばかりでなく，さらに広く知識・技能の習得を志す人々にも十分活用できるものです。

なお，本書は次の方々のご協力により作成したもので，その労に対して深く謝意を表します。

＜監修委員＞

木　﨑　忠　重　　株式会社　木ざき

＜改定執筆委員＞

井　村　光　男　　社団法人　緑の安全推進協会

望　田　明　利　　住化タケダ園芸株式会社

（委員名は五十音順，所属は執筆当時のものです）

平成22年３月

独立行政法人 高齢・障害・求職者雇用支援機構

職業能力開発総合大学校 基盤整備センター

目　　　次

はじめに

緑化植物には，地球規模での環境問題を解決するために使われる植物，都市にある公園樹や街路樹，ビルの壁面や屋上に使われる緑化植物，工場や公共施設に植えられた緑化植物，個人住宅の庭園にある庭園樹・芝生・草花などの観賞用植物などがあり，様々な場面で人と深くかかわっている。

本書では，鑑賞のために庭園や公園に用いられている植物（樹木・芝草・草花）と街路樹などを対象として保護管理について解説した。また，保護管理には風害・乾燥害の防止，異常な低温・高温からの保護，日照・通風の改善，大気汚染などによる障害の防止などの作業があるが，本書では最も日常的に発生する病害虫・雑草の加害から緑化植物を護る方法について解説した。

第１章と第２章では，庭園・公園などのように居住環境に隣接した場所で農薬を使用する際の注意点と，防除薬剤の安全な使い方について解説した。

効果的で無駄のない防除をするための基礎知識として，第３章では病気の診断と防除法を，第４章では害虫の診断と防除法を解説したが，これらを理解するには植物病理学や応用昆虫学などの基礎知識を必要とするため，巻末の参考資料２，３に現場で発生することが多い病害虫とその被害を写真で示し，初めて病気や害虫の防除を学ぶ人たちでも理解しやすいようにした。

これには生態と防除法について解説を加えてあるので，研修を終了し現場に出てからも役立てていただきたい。

第５章には緑化植物を鑑賞する際の妨げになる雑草について，その種類と特徴とともに防除法について解説した。

この教科書で学んだ知識を基に，それに現場での実践をあわせて，緑化植物の保護管理についてキャリアを身につけていただきたい。

第1章
保 護 管 理

近年，公園・庭園など緑地に利用される緑化植物（植木，芝草，草花など）はその種類が急激に増加している。新しく改良された品種や海外から導入された植物も多く，それらの緑化植物は在来種よりも，自然環境に適合しにくいため人為的に保護努力を要する場合が多い。

緑化植物の多くは，一定の区域にまとまって植えられることが多いので，病気や害虫の被害を受けやすく，かつ，雑草による被害も受けやすい。このため栽培管理や作物保護を十分に知る必要がある。

学習のねらい

1．年間防除計画をたてるための基礎資料のつくり方を学ぶ。

2．年間防除計画のまとめ方を学ぶ。

3．年間防除計画を関係者と協議することを学ぶ。

第1節　病害虫・雑草の年間防除計画

病害虫・雑草の年間防除計画は，１つの庭園，１つの公園などの管理する場所を単位として，１年間に行う防除作業の計画をまとめたものである。

年間防除計画をたてる目的は，

①　植木・芝草・草花を病害虫・雑草から的確に防除するため

②　効率よく防除作業を行うため

③　特に農薬による防除では，人と環境に配慮した無駄のない防除を行うため

である。

年間防除計画の内容が実態によくあったものであれば，防除作業は効率よく行われ，し

かも病害虫・雑草による被害を未然に防ぐことができる。したがって，管理している場所に発生する病害虫・雑草を十分に検討したうえで，年間防除計画をたてる。また，住宅地，学校，通学路，公園などに農薬を散布する場合は様々な規制がある。さらに，化学物質過敏症の人もおり，それらを踏まえて計画をたてることが必要である。

1．1　年間防除計画

庭園などには，多くの種類の植木などが植えられているので，発生する病害虫の種類も多い。したがって，これらのすべての病害虫に関する年間防除計画をたてることは複雑で難しい。そこで，植木などに発生する病害虫のなかで，防除時期や防除方法が同じものをグループにまとめて防除計画をたてる。さらに，発生する病害虫のなかで被害が激しいものと，それほど被害が激しくないものに分け，必ず防除しなければならない病害虫を選び出して年間防除計画をたてる。

雑草防除の場合であれば，植木の周囲，芝生内，花壇の内部などの場所ごとに発生する雑草の種類や発生時期を調べ，防除の適期や防除方法を決めて年間防除計画をたてる。

1．2　植木の年間防除計画

植木の管理では，雑草による被害の発生は少ないので，ここでは，病害虫の年間防除計画について取り上げる。

植木の年間防除計画をたてる作業は，次のようにして行う。

①　植栽数量表の作成

現地にどのような植木が植えられているかを知るために，樹種（品種）名を調べる作業を行う。もし，現地に植栽数量表があれば，それに基づいて確認作業をする。

調査した結果を整理して，表１－１のような植栽数量表（例）をつくり，防除計画の基本的な資料として使う。

表１－１　植栽数量表（例）

樹種			本数（本）	樹高など寸法・植栽位置など
広葉樹	サクラ類	ソメイヨシノ	20	
		ヤマザクラ	5	
		シダレザクラ	2	
		合計	27	
	ツバキ類		10	

② 樹種（品種）別の主要病害虫を一覧表にまとめる。

樹種（品種）名を調べる際に，病害虫と被害の発生状況も調査する。また，管理者から発生状況と防除の実績について聞く。それらの情報を持ち帰り，整理して表１－２のような一覧表をつくる。また，参考資料を活用して，発生が予想される病害虫を一覧表に加える。

表１－２ 樹種（品種）別の病害虫の発生状況と予想一覧表（例）

樹種		病害虫名		発生の状況	発生の予想	備考
広葉樹	サクラ類 ソメイヨシノ ヤマザクラ シダレザクラ	害虫	アメリカシロヒトリ	毎年発生し，年２回防除している。		
			サクラコブアブラムシ	２年前に多発したので注意が必要		
		病気	せん孔褐斑病	被害を受けた葉が少しある。		
			てんぐ巣病		付近で発生あり注意が必要	

③ 定期的防除と臨機的防除に分ける。

毎年，同じ時期に発生して被害をもたらす病害虫の防除は，あらかじめ防除時期・防除方法を決めておいて定期的に防除する。このような防除法を定期的防除（基幹防除ともいう）という。

一方，ときどき発生して被害をもたらす病害虫は，発生してから防除するかどうかを決める。このような防除法を臨機的防除という。

定期的防除で農薬による防除を予定している場合でも，実施する前に，対象とする病害虫が発生しているか，被害が拡大するおそれがあるかを診断し，総合的な病害虫・雑草の防除法（p.12参照）を検討のうえ，農薬による防除が必要な場合に散布を行う。

診断によらない計画に従っただけの農薬散布はしてはならない。

また，病害虫に使用する農薬類の一覧表も作成し，各農薬のSDS（安全データシート）を販売店又はメーカから取り寄せてファイルしておく。

④ 樹種（品種）別の年間防除計画表の作成

防除時期と防除方法を調べて，表１－３のように樹種（品種）別の年間防除計画表をつくる。これは，病害虫防除を行うための基本となる表である。

年間防除計画の対象となる病害虫は，定期的防除を行う必要があるものである。

発生するが通常は被害が激しくない病害虫や，ときどき発生して被害をもたらす病害虫は，臨機的防除とする。

表1－3　樹種（品種）別の年間防除計画表（例）

樹種	病害虫名		発生時期と防除時期（月）												重点度	防除法	備考
			1	2	3	4	5	6	7	8	9	10	11	12			
サクラ類	害虫	アメリカシロヒトリ	（発生時期） （防除時期）				━	━ ↑		━ ↑	━				定期	○○乳剤（1000倍）	てんぐ巣病が発生したら切除する。
		サクラコブアブラムシ				━ ↑	━								臨機	△△乳剤（1500倍）	
	病気	せん孔褐斑病					━ ↑	━	━	━	━				臨機	◇◇水和剤（500倍）	

⑤　年間管理計画表

庭園や公園などで行う多くの管理作業の1つとして病害虫防除を記載すると，表1－4のようになる。この表をつくる目的は，庭園や公園などの管理作業（作業の種類，年間作業回数，作業時期）を，全体として効率的に行うためである。

このように簡略に整理した資料が必要になった場合は，表1－3の樹種（品種）別の年間防除計画をもとにして，防除時期と防除方法が共通な病害虫を整理して作成する。

表1－4　年間管理計画表（例）

	作業の種類	年間作業回数	作業時期（月）												備考
			4	5	6	7	8	9	10	11	12	1	2	3	
植木地	剪定	1～2回		━	━			━	━						
	刈込み	1～3回		━	━	━	━	━	━	━					
	施肥	1～2回			━						━	━	━	━	
	病害虫防除	3～4回		━	━	━	━	━				━	━		
	除草	3～5回	━	━	━	━	━	━	━						

1．3　芝生・草花の年間防除計画

a．芝生の年間防除計画

庭園などの芝生では病害虫の発生が少ないので，その管理作業は雑草対策が主なものである。

① 年間防除計画表の作成

芝生に発生する雑草を防除するための年間防除計画を，雑草の防除法に従って作成すると表1－5のようになる。

表1－5　芝生の年間防除計画表（例）

<table>
<tr><td colspan="2">月</td><td>1</td><td>2</td><td>3</td><td>4</td><td>5</td><td>6</td><td>7</td><td>8</td><td>9</td><td>10</td><td>11</td><td>12</td></tr>
<tr><td colspan="2">雑草の発生時期</td><td colspan="12">春の発生（4～6月の範囲）　秋の発生（9～11月の範囲）</td></tr>
<tr><td rowspan="2">散布時期</td><td>土壌処理剤が主体の場合</td><td colspan="12">↑ 土壌処理剤　(↑)（茎葉処理剤）　↑ 土壌処理剤</td></tr>
<tr><td>茎葉処理剤が主体の場合</td><td colspan="12">(↑) 茎葉処理剤（土壌処理剤の加用）　↑ 茎葉処理剤（土壌処理剤の加用）</td></tr>
</table>

注：(　) 内の除草剤は，加用する必要があれば使用するものである。
　(↑) は，必要があれば散布する。

② 年間管理計画表の作成

表1－5の年間防除計画表をもとに，表1－6のような年間管理計画表をつくって芝生の管理を効率的に行う。

表1－6　芝生の年間管理計画表（例）

	作業の種類	年間作業回数	1	2	3	4	5	6	7	8	9	10	11	12	備考
芝生地	芝刈り	3～7回					━	━	━	━	━	━			
	施肥	1～3回													
	病害虫防除						╍	╍	╍	╍	╍	╍			発生したら防除
	除草	2～3回				━		━			━				

b．草花の年間防除計画

花壇の草花は季節ごとに植え替えるので，年間の栽培計画から病害虫防除の対象となる種類を選び，表１－２，表１－３のような基礎資料を作成してから，年間管理計画表にまとめる。

１．４　年間防除計画を基に関係者と協議

農薬に対する考え方は人によって異なる。散布に際しクレームが起きると，防除適期を逸し被害が拡大することがある。そのために学校・公園などの施設管理者などと事前に打ち合わせを行い，薬剤散布の実施基準や使用薬剤などを決めておくことが大切である。

①　資料の作成

前項で解説した対象地域の樹種や草花・芝生に発生する病害虫の種類，発生時期，被害症状などの計画書の作成である。説明対象者には状況を知らない人もいるため，それらの人でも理解できるように分かりやすく簡潔にまとめることが必要である。発生したら直ちに防除する病害虫と，状況を見ながら防除する病害虫を区別するのも１つの方法である。

②　使用する農薬

使用農薬の安全性については特に気をつけなければならない。SDS（安全データシート）には，毒性など安全性について記載されているため，販売店又はメーカから SDSを取り寄せ，関係する項目を一覧表にしておくと分かりやすい。

③　実施基準と実施手順

どのような病害虫が発生したときに，どの時期に，どのような方法で防除するのかという基準を決める。農薬を使用する場合には，事前にこれらの実施基準を施設管理者と取り決めておくと，病害虫が発生してもあわてることがない。

同様に，周辺住民に対する防除目的・使用農薬・防除日時などの告知方法，実施手順も併せて取り決める。

第２節　植物材料の選び方

造園に使用される材料の１つである植木・芝・草花などの緑化植物（以下この章では「植物材料」という。）が他の材料（石材・木材・竹材など）と異なる点は，植物以外の材料が工事完了の時点で最高の機能を発揮するのに対して，植物材料は植栽後に成長しなが

ら完成していくことにある。

植物材料は，完成までに植栽後３～４年を必要とする植木や，急速な成長が可能な草花など多様であるが，いずれの場合でも植え付けの際に品質のよい材料を使わなければ，設計者の意図にあった修景を完成することができなかったり，又は移植後の保護管理で大変な苦労を強いられることになる。

したがって，植え付ける前に植物材料の品質を検査して，良質のもののみを使わなければならない。特に貴重な植木は，その生産地に行って検査をすることが必要になる。

植物材料の検査項目のなかで，病害虫の寄生や被害の有無が品質を評価するための大切な基準となるので，慎重に行わなければならない。

学習のねらい

1．健康な植木を選ぶための知識を学ぶ。

2．健康な芝の苗を選ぶための知識を学ぶ。

3．健康な草花苗を選ぶための知識を学ぶ。

2．1 植物材料の採用基準

植物材料の病害虫検査で被害がまったくないものを選ぶことは難しい。その理由は，植木などは戸外で栽培されるために，病害虫による被害を完全に防ぐことは難しいからである。

植物材料の採用については，移植後の生育に障害とならない程度の極めて軽い被害（例えば，ケムシによる食害が少しある程度）で，被害をもたらした害虫もいない場合は，採用せざるを得ない。しかし，植木の幹に穿孔性害虫（せんこうせいがいちゅう）が孔（あな）をあけた傷跡があるような場合は，回復する見込みがないので，採用を避ける必要がある。

このように，健全な植物材料を選ぶために行う材料検査の結果について，採用の可否を判断するための採用基準が必要となる。

公的な機関で行う植栽工事の規格はあるが，一般の植栽工事ではあらかじめ定められた規格がないことが多い。

（1） 公共用緑化樹木の品質寸法規格基準（案）

苗木の検査項目のなかに病害虫の検査を定めた例としては，「公共用緑化樹木品質寸法規格基準」（案）がある。この基準では，品質規格表の「樹勢」中の１項目として「病害虫」の規格が表１－７のように定められているので，公共用緑化樹木の工事は，この基準に従って実施する。

表１－７　品質規格表（案）の抜粋：樹勢

項　　目	規　　　　格
生　　育	充実し，生気ある状態で育っていること。
根	根系の発達が良く，四方に均等に配分され，根鉢範囲に細根が多く，乾燥していないこと。
根　　鉢	樹種の特性に応じた適正な根鉢，根株をもち，鉢くずれのないよう根巻きやコンテナ等により固定され，乾燥していないこと。ふるい掘りでは，特に根部の養生を十分にするなど（乾き過ぎていないこと）根の健全さが保たれ，損傷がないこと。
葉	正常な葉形，葉色，密度（着葉）を保ち，しおれ（変色，変形）や軟弱葉がなく，生き生きしていること。
樹皮（肌）	損傷がないか，その痕跡がほとんど目立たず，正常な状態を保っていること。
枝	徒長枝がなく，樹種の特性に応じた枝の姿を保ち，枯損枝，枝折れ等の処理，及び必要に応じ適切な剪定が行われていること。
病　虫　害	発生がないもの。過去に発生したことのあるものにあっては，発生が軽微で，その痕跡がほとんど認められないよう育成されたものであること。

「公共用緑化樹木等品質寸法規格基準」（案）国土交通省通知・平成20年12月18日

（２）一般の植栽工事における採用の基準

植物材料の採用基準が定められていない小規模の植栽工事では，植物材料を採用する前に受注者と発注者が採用方法について協議する際に用いる採用基準に従う。その一例を①～③に示す。

［採用基準の例］

①　病害虫による被害がないか，あっても極めて軽微なもの。

②　現に害虫の寄生・産卵がなく，病気も発生していないもの。

③　過去の被害によって，美観を損なっていないもの。

２．２　採用のための検査

基準例のような健全な植物材料を採用するための検査には，樹木などの病害及び虫害に関する知識が必要になるので，第３章及び第４章を活用されたい。すでに発生している病害虫は比較的簡単に判別できる。しかし，病害虫が寄生していると思われる樹木の判断は難しいので，次のような点に注目することが大切である。

①　樹皮に注目

穿孔性害虫のために開いた孔の有無，さらに樹木本来の樹皮に比べてざらざらと粗雑になっていないか，黒く変色している部分がないかよく見る。粗雑や変色部分は病原菌が寄生している可能性が高いため注意する。

② 地際部や根の部分に注目

ポット植え，根巻きなどの状態で販売されていることが多いため，直接根の部分を見ることができない。しかし，地際部や根に病原菌が寄生していることもあり，これらの被害症状はすぐに影響が現れて枯れるというよりは徐々に生育が悪くなり最終的には枯れる。植えつける前に，一部の根を観察し，根の部分に白色や黄色などのカビのようなものが付着していないか，地際部にこぶのようなものができていないかを確認し，そのような樹木は植えない。

土壌病原菌によって土壌が汚染されると，全面的に土壌消毒する方法しかなく，最良の方法は土壌病原菌の寄生した植物を持ち込まないことである。

学習のまとめ

・年間防除計画をたてる目的は，

① 植木・芝草・草花を病害虫・雑草から的確に防除するため

② 効率よく防除作業を行うため

③ 特に農薬による防除では，環境に配慮した無駄のない防除を行うため

である。

・植木の年間防除計画のたて方は，次の①〜⑤のように行う。

① 植栽数量表の作成

現地で樹種（品種）名を調べる作業

② 樹種（品種）別による病害虫を一覧表にまとめる。

病害虫と被害の発生状況も調査

③ 定期的防除と臨機的防除に分け，防除方法を決める。

病害虫の被害の重要度を判断し，重点的に行う防除を絞り込むため。

④ 樹種（品種）別の年間防除計画表を作成する。

防除時期と防除方法を決める。

⑤ 庭園や公園などの管理作業を全体として効率的に行うため，年間管理計画表を作成する。

・草花の年間防除計画は，花壇では草花を季節ごとに植え替えるので，年間の栽培計画から病害虫防除の対象となる種類を選び，「品種別の病害虫一覧表」と「品種別の年間防除計画表」を作成してから年間管理計画表にまとめる。

・定期的防除を計画している場合でも，実施する前に診断して農薬による防除が必要な場合に散布を行う。診断によらない計画に従っただけの農薬散布はしてはならない。
・苗木の検査項目のなかに病害虫の検査を定めた例としては，「公共用緑化樹木等品質寸法規格基準」（案）がある（表１－７参照）。
・一般の植栽工事における植物材料の採用基準（一例）
　①　病害虫による被害がないか，あっても極めて軽微なもの。
　②　現に害虫の寄生・産卵がなく，病気も発生していないもの。
　③　過去の被害によって，美観を損なっていないもの。
・健全な植物材料を採用するための検査には，植木などの病害及び虫害に関する知識が必要になるので，第３章及び第４章を活用すること。年間防除計画に基づき，施設管理者と実施基準及び実施手順を取り決める。

第2章 病害虫・雑草防除の基本

病害虫が発生した場合，すぐに農薬によって防除すると考えがちであるが，農薬の散布だけでは解決しない。人の健康へのリスクや環境への負荷を軽減するために「総合的病害虫・雑草管理（IPM　Integrated Pest Management）」という概念が国際的に提唱され，我が国でも「環境保全型病害虫・雑草防除法」として様々な取り組みがなされている。

環境保全型病害虫・雑草防除法には，物理的防除法・生物的防除法・耕種的防除法・化学的防除法があり，それぞれを単独で行うのではなく，合理的に組み合わせて有効に病害虫・雑草防除を行う。

また，「農薬」とは，農作物や植木・芝生・草花などの緑化植物を病害虫や雑草などの被害から守るためにそれらを防除したり，又は農作物・緑化植物の生理的機能を調節して生産性の向上や人の生活に潤いを与えるために用いられる薬剤をいう。そのため，防除に用いる薬剤はすべて農薬になり，合成薬品だけでなく，天然物・生きている生物（天敵など，生物農薬という）・石けんや食品類も農薬として販売されている。

農薬には，植物の病害虫や雑草を防除する効果があるだけでなく，人の健康へのリスクや環境への負荷などが考えられる。そのため，農薬として販売するためには様々な角度から試験が実施され，人や環境に対して安全であることが確かめられた薬剤のみが，はじめて農薬として製造・販売し使用することができる。

農薬は農薬取締法に基づいて登録され，使用に際しては使用条件が付けられている。

使用する者が定められた使い方をすることによって，はじめて安全性が守られることを忘れてはならない。

特に住宅地の周辺での農薬散布は，農薬の飛散による居住者や通行人の健康被害の防止に留意しなければならない。またポジティブリスト制度*の導入に伴って，農薬によって

＊　**ポジティブリスト制度**：基準が設定されていない農薬などが一定量以上含まれる食品の流通を原則禁止する制度。

食用農作物を汚染しないよう一層の注意が必要である。

ここでは，農薬を適切に使うための基礎知識についてぜひ習得しなければならない必要事項を説明する。

学習のねらい

1．防除は総合的病害虫・雑草管理であるという考え方を理解する。
2．農薬とはどのようなもので，どのような種類があるのかを理解する。
3．安全で的確な効果が得られる使い方をするために，ラベルの読み方を学ぶ。
4．農薬を使用する際の安全性は，どのようにして守られるのかを知る。
5．農薬の取扱いに関する法規について学ぶ。

第１節　総合的な病害虫・雑草の管理

1．1　総合的な病害虫・雑草防除法

病害虫・雑草防除の決め手は農薬散布による化学的防除法であるが，当初から頼るのではなく他の物理的防除法・生物的防除法・耕種的防除法などを組み合わせ，人と環境にやさしい環境保全型の防除法に心掛けなければならない。

それらの内容は，病気の防除法・害虫の防除法・雑草の防除法にも記載されているが，普段なにげなく行っていることも多い。なかには温室内など施設園芸に使用し，庭木・街路樹などの防除に適さない項目もあるが，環境保全型病害虫・雑草防除法の考え方を理解する意味から記載してある。

（1）　物理的防除法

薬剤以外の資材類を用いて，又は熱・光・色などを利用して病害虫退治・飛来防止など，生物の活動を制御する方法である（人も資材に含まれる。）。

①　捕殺・除草したり，卵塊などを除去する。
②　寒冷紗・シルバーマルチ・シルバーテープなどで害虫の飛来を防いだり，黒マルチで雑草の発生を抑える。
③　こもなどを利用して越冬害虫を集めて焼却する。
④　粘着紙などで害虫を捕獲する。
⑤　除草機器で雑草を刈り取る。雑草を焼く。

⑥　太陽熱を利用して土壌病害虫や雑草の種子を退治する。

⑦　光に集まる習性を利用して害虫を退治する。

⑧　色・波長など害虫の嫌いな色・波長などで飛来を防ぐ。

（2）　生物的防除法

生物を使って生物（病害虫・雑草）を制する方法である。

①　天敵を利用する。

②　病原体と同種の影響の少ない菌やウイルスを接種して，被害を及ぼす菌やウイルスの侵入を妨げる。

③　対抗植物（例えばマリーゴールドとセンチュウの関係）を育てる。

（3）　耕種的防除法

通常の栽培管理で病害虫の被害を軽減する方法である。

①　樹木などの剪定時には病気の被害を受けた枝を優先的に取り除く。

②　込み入った枝を取り除き通風・日照をよくする。

③　落葉した病葉は放置せず，集めて焼却する。

④　病害虫に抵抗性のある品種，抵抗性接木苗を植える。

植物は幹や茎葉部分の地上部と根の地下部はバランスがとれている。根の生育環境を良くすれば植物は健全に育つ。特に街路樹などは株元を踏み固められると通気性が悪くなり，根の生育環境が悪化する。踏みつけられないようにする方法も広義の耕種的防除法といえる。

（4）　化学的防除法

農薬による防除法である。病害虫・雑草防除の決め手といわれるが，第2節以降に詳述する。

1．2　安全と安心

安全（反対語は危険）と安心（反対語は不安）を混合して同一視する人もいる。農薬は危ないという考えから薬剤散布に反対され，学校や街路樹などの防除をするときの対応に苦慮することがある。様々な実験などによって評価されるのが安全や危険であり，学問的な裏付けがある。安心や不安は学問的な裏付けがなく精神的な評価である。

過去に問題を起こした農薬もあったが，最近の農薬は現在考えられる各種の毒性試験を実施した上で安全と認められたものが農薬として認可されている。しかし，化学物質過敏症などの人もいるので，散布に際しては周辺に十分配慮しなければならない。

第2節　農 薬 と は

2．1　「農薬」の定義

「農薬取締法」では，農薬の定義について次のように規定している。

第一条の二　この法律において「農薬」とは，農作物（樹木及び農林産物を含む。以下「農作物等」という。）を害する菌，線虫，だに，昆虫，ねずみその他の動植物又はウイルス（以下「病害虫」と総称する。）の防除に用いられる殺菌剤，殺虫剤その他の薬剤（その薬剤を原料又は材料として使用した資材で当該防除に用いられるもののうち政令で定めるものを含む。）及び農作物等の生理機能の増進又は抑制に用いられる成長促進剤，発芽抑制剤その他の薬剤をいう。

2　前項の防除のために利用される天敵は，この法律の適用については，これを農薬とみなす。

3～4（略）

この定義にある「農作物等」には，栽培の目的や肥培管理のいかんを問わず，人が何らかの目的を持って栽培している植物はすべて含まれる。農家が栽培している穀物・野菜・果樹はもちろんのこと公園・学校・家庭などに植えてある植物，育てている植物・芝・緑化植物・観賞用花卉（かき）・盆栽などすべての植物が対象になっている。

防除に利用される天敵や微生物も農薬（生物農薬といわれる）とみなされる（第一条の二第2項）。合成された薬剤だけが対象ではなく，天然物を利用した薬剤，漢方薬を利用した薬剤など，薬剤成分の原材料が何であってもすべて農薬であり，農薬は非常に広義に解釈されている。現に，デンプン・菜種油・重曹などの食品や石けんなどの成分は農薬としても販売されている。

定義の「その他の動植物」の動物としては，カラス・スズメ・ノウサギなど，植物としては雑草などが該当し，「その他の薬剤」には除草剤・殺そ剤・誘引剤・忌避剤（きひざい）・展着剤などがある。

なお，家の害虫のシロアリや台所のゴキブリ，人を刺すノミやイエダニなどの防除に使う薬剤は，農作物の保護に使うものではないため，農薬取締法の対象とはならない。同様に植物を害さないアリ・ワラジムシなどの不快な感じを与える虫を退治する薬剤も対象外である。

2．2　農薬の分類

農薬には，いくつもの分類の仕方があるが，主に使われるものには，使用目的による分類（用途別分類）・剤型（ざいけい）による分類（剤型別分類）・使い方による分類・作用性による分類・化学構造の系統による分類などがある。

1つの農薬の特徴を説明するために，これらの分類法を組み合わせて使うので，主要な分類法を理解しておく必要がある。

（1）用途別分類

農薬を用途に応じて分類すると，表2－1のように分類される。

この表の中の多くは農耕地で使われるものであり，庭園などで使われるものは，主として殺虫剤・殺ダニ剤・殺菌剤・除草剤・展着剤である。

表2－1　農薬の用途別分類

農薬の種類	用途
殺虫剤	植物を加害する有害昆虫（害虫）を防除する。
殺ダニ剤	植物に寄生して加害するダニ類を防除する。
殺線虫剤	植物に寄生して加害するセンチュウ類を防除する。
殺菌剤	植物を病原菌による病害から防除する。
殺虫殺菌剤	殺虫成分と殺菌成分を混合して，同時に防除する。
除草剤	植物に有害な雑草類を防除する。
植物成長調整剤	植物の生理機能を増進又は抑制する。
農薬肥料	肥料に農薬を混合して，施肥と防除を同時に行う。
殺そ剤	植物を加害するネズミ類を防除する。
忌避剤	有害な動物や昆虫などが嫌うにおいや味で被害を防ぐ（例えば，石油アスファルトやチウラムなど）。
誘引剤	におい物質や性フェロモン[注)]などで昆虫を集めて防除したり，交尾活動を混乱させて害虫の密度を下げる。
くん蒸剤	畑地や貯蔵中の穀物の害虫を駆除する。
展着剤	農薬の付着性を向上させて効果を高める。

注)：「性フェロモン」とは，昆虫の雌が雄を引き寄せるために放出するにおい物質をいう。

（2） 剤型別分類と使用方法

a．剤型別分類

農薬は，有効成分に希釈剤*1や補助剤*2を加えて，使いやすい形態に加工されて製剤となる。その製剤の形や特徴によって分類するための名称として「剤型」が使われる。

剤型には多くの種類があるが，庭園で使用されるものには，乳剤・液剤・フロアブル・水和剤・顆粒（かりゅう）水和剤・粒剤・塗布剤・ベイト剤などがある。それらの特徴と使い方は，表2－2のとおりである。

表2－2 剤型別の特徴と使い方

剤型	特徴と使い方
乳剤	水に溶けない有効成分を界面活性剤で水中に分散させる液状の製剤で，水で薄めて使う。水で薄めると白く濁る。
液剤	水溶性で液体の有効成分を使った液状の製剤で，水で薄めて使う。
フロアブル	有効成分を鉱物質の微粉や界面活性剤などと水に浮遊させた液状の製剤で，水で薄めて使う。
水和剤	水の中にむらなく分散する微粉の製剤で，水で薄めて使う。
顆粒水和剤	水和剤を粗い粒子にした製剤で，水和剤と同様，水で薄めて使う。
水溶剤	水に溶ける有効成分を粉状・粒状の製剤にしたもので，水で薄めて使う。
粒剤	有効成分を鉱物質の微粉で希釈し，細かい粒状にした製剤でそのまま使う。
塗布剤	有効成分を粘性の高い液体と混ぜ，樹木の切り口などに塗り付けて使う。
ベイト剤	殺虫剤と誘引物質を混合し粒状にした製剤で，そのまま使う。
ハンドスプレー（AL）剤	液剤，乳剤などの薬剤をそのまま使用できるようにあらかじめ希釈した製品。

b．剤型と使い方との関係

剤型には，図2－1のように，水で薄めてから散布するものと，製品のまま使うものがある。

庭園などで一般的に使われる使い方としては，乳剤や水和剤などを水で薄めてから噴霧器で散布する噴霧法，粒剤などを製品のまま散布する散粒法，土の中に薬液を浸透させて土中の病害虫と根から薬剤を吸収させて茎葉の病害虫を防除する灌注法，松枯れなどを予防するための樹幹注入法，除草剤を茎葉に塗り付けたり，塗布剤を植木に塗る塗布法などがある。

＊1 希釈剤：均一な散布ができるよう有効成分を薄めるためのものをいう。

＊2 補助剤：有効成分の効力を維持・補強したり，使いやすいようにするために加える乳化剤・溶剤・粉粒剤などをいう。

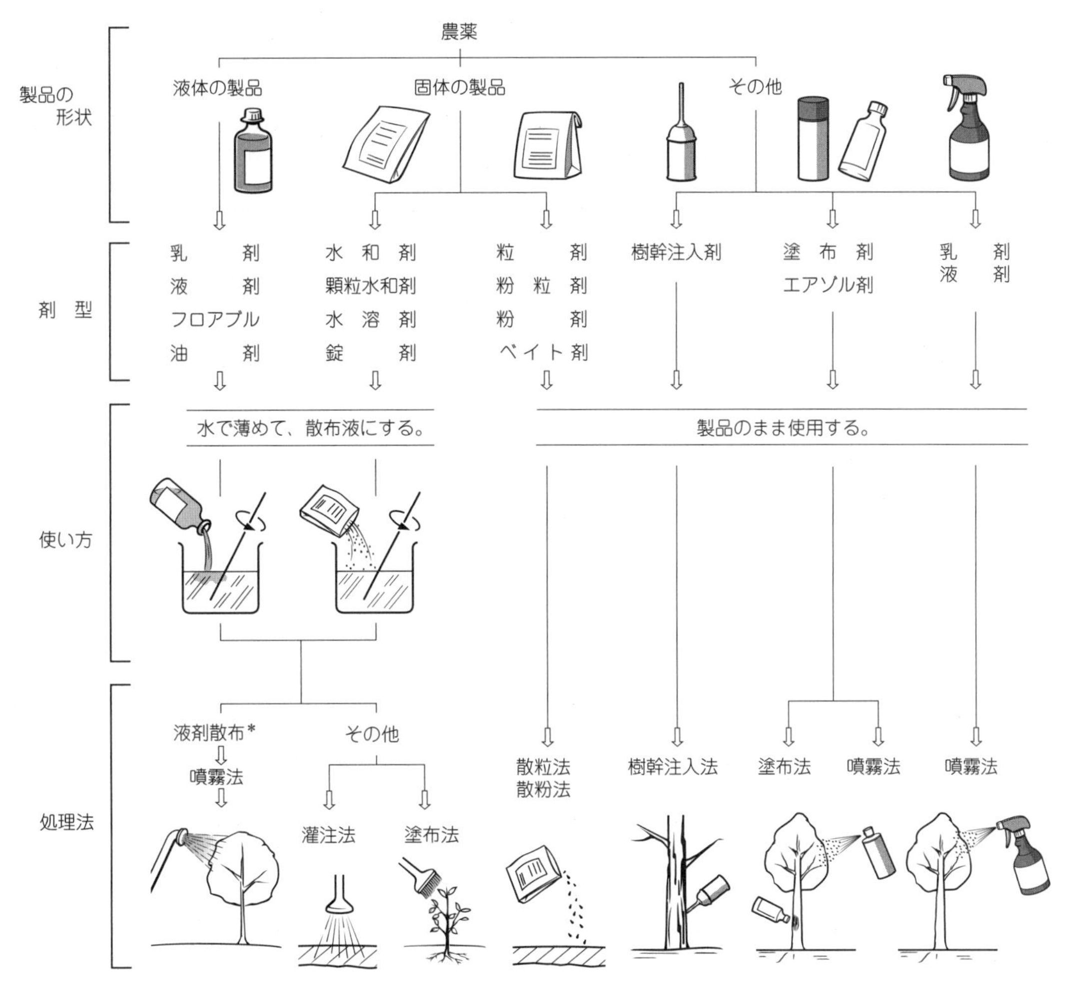

＊：「液剤」は、剤型の「液剤」と散布液の「液剤」があるが，ここでは散布液の液剤のことである。

図２－１　剤型と使い方との関係

（3） 系統分類

農薬の大部分は有機合成農薬であるが，その他に無機農薬（無機銅など）・天然物（マシン油など）・生物農薬（BT剤など）などがある。

系統分類は，表２－３のように有機合成農薬を化学構造や機能などによって分類したもので，薬剤を選ぶための目安となる。また病害虫の薬剤耐性（抵抗性）の発達を防ぐために，同一系統の薬剤の連用を避ける際にも役立つ。

表２－３　主な有機合成農薬の系統分類

殺　虫　剤	殺ダニ剤	殺　菌　剤	除　草　剤
カーバメート系	アミジン系	酸アミド系	アミノ酸系
ピレスロイド系	亜硫酸エステル系	ジカルボキシイミド系	酸アミド系
ネオニコチノイド系	クロロフェニル系	ベンゾイミダゾール系	スルホニルウレア系
ネライストキシン系	抗生物質剤	有機銅剤	尿素系
有機リン系	ブロムフェニル系	有機硫黄剤	フェノキシ酸系
IGR剤	有機スズ剤	EBI剤	芳香族カルボン酸系

農薬に関してインターネット上で多くの情報が入手できる。列挙すればきりがないが，代表して農薬に関して様々な情報を提供する農林水産省の「農薬コーナー」と農薬の安全使用などの指導をしている公益社団法人緑の安全推進協会のアドレスを記載する。

「農薬コーナー」　　http://www.maff.go.jp/j/nouyaku/

「緑の安全推進協会」　　http://www.midori-kyokai.com/

第３節　ラベルの表示事項と読み方

３．１　ラベルの表示事項

ラベルに記載されている内容はすべて法律に基づいており，いずれも重要な内容である。

表示される事項は，表２－４のとおりである。製品によっては記載項目が多く，文字が小さくて読みづらいこともあるが，その製品を効果的にかつ安全に使うためには使用する前に必ず一読して確認することが大切である。また，ラベル表示事項は，分かりやすいように記載される位置がおおよそ統一されていて，図２－２のように内容ごとにまとめて表示される。

表２－４　ラベルの表示事項

番号	表示番号	表示内容	備　考
①	登録番号	農林水産省に登録されている番号	登録番号のないものは農薬として販売できない。
②	適用種別の表示	殺虫剤・殺菌剤・除草剤などの用途を示す。	使用目的を間違わないようにするための表示
③	毒物・劇物表示	人畜毒性の強いものは医薬用外毒物と赤字に白ヌキ文字，又は医薬用外劇物と白地に赤文字の表示	毒物・劇物に該当する農薬の譲渡は，毒物及び劇物取締法に基づいて適正に行い，取扱いに注意する。
④	危険物表示	燃えやすい農薬には，例えば，第２石油類・火気厳禁などと表示	この表示のある農薬の保管場所では火気厳禁である。
⑤	名称	商品名	種類名が同じであれば商品が異なっていても，中身は基本的に同じである。
⑥	種類名	有効成分の種類と剤型	
⑦	成分名・含有量	有効成分とその他成分の含有量	例えば，○○○ホスフェート……30.0% 有機溶剤・乳化剤など……………70.0%
⑧	性状	物理的化学的性状（製品の色・性質・形状など）の表示	例えば，類白色粉末300メッシュ以上など
⑨	内容量	重量又は容量	例えば，３kg入・500mℓ入など
⑩	適用範囲	作物名，病害虫・雑草など	使用が認められた対象で，これ以外には使用できない。
⑪	使い方 使用量・希釈倍数・使用時期・使用回数・使用方法	効果・薬害の有無や残留農薬基準などから定められた使い方	表示以外の条件で使用すると，薬害の発生や収穫物の残留農薬基準を超えるなどの問題を生じるおそれがある。
⑫	使い方の説明	使い方，調整法など	特に注意が必要な場合に，分かりやすく説明されている。
⑬	効果・薬害などの注意	その農薬固有の性質から，使用上注意しなければならない事項	この部分を見落としたために起こる効果不足や薬害の事例が意外に多い。
⑭	安全使用上の注意	散布者の防護具，散布時や保管管理の注意など	特に注意が必要な農薬には注意喚起マークが表示されている。毒物・劇物では解毒法が表示されている。
⑮	最終有効年月	西暦の下２ケタを表示	期限を過ぎたものを使用してはならない。
	製造場	名称と所在地	製品番号も記載されている。

3．2　ラベルの読み方

（1）　デザイン部分

デザイン部分は製品の顔の部分であり，図2－2の①から⑨までの部分と会社名が記載されている。

このなかで，特に注意することは名称（商品名）と種類名との関係である。同一の場合もあるが，多くの場合は異なる。会社によって商品名が異なることがあるため，使用する農薬を指定する。文章に記載するときは商品名ではなく種類名を使用していることが多い。

例をあげると，種類名がアセフェート水和剤は商品名ではオルトラン水和剤である。種類名がMEP乳剤は商品名ではスミチオン乳剤である。

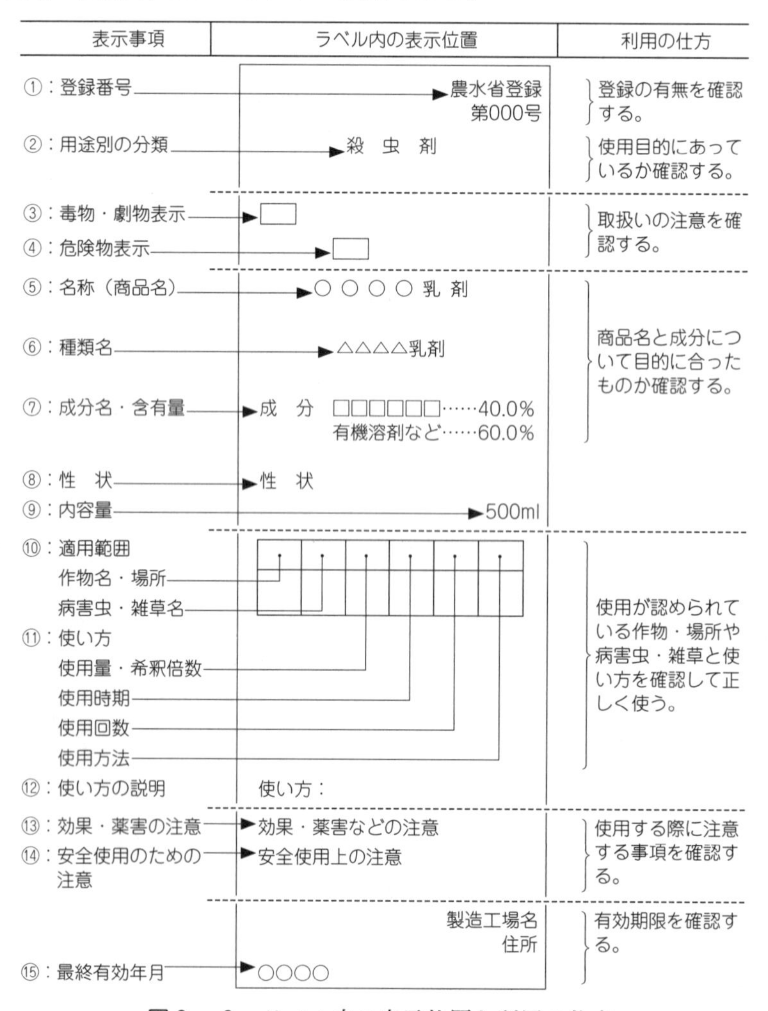

図2－2　ラベル内の表示位置と利用の仕方

（2）　適用病害虫（適用雑草）と使用方法

その農薬が使用できる植物（場所），効果のある病害虫や雑草，希釈倍数や使用量，環境に対する影響や収穫物を食用とする野菜などでは安全性を考慮して使用時期や使用回数，使用方法が，表2－5のような表に整理され記載されている。

表2－5　使い方の表の記載例

適用作物名	適用病害虫	希釈倍数	使用時期	使用回数	使用方法
樹　木	アメリカシロヒトリ	1000倍	発生初期	3回以内	散布

表示事項－⑩　適用範囲

⑩－1　適用作物・適用場所

一般に，農薬登録で使うことが認められた作物名が記載されるが，除草剤の表示では作物名と適用場所があるので注意する。

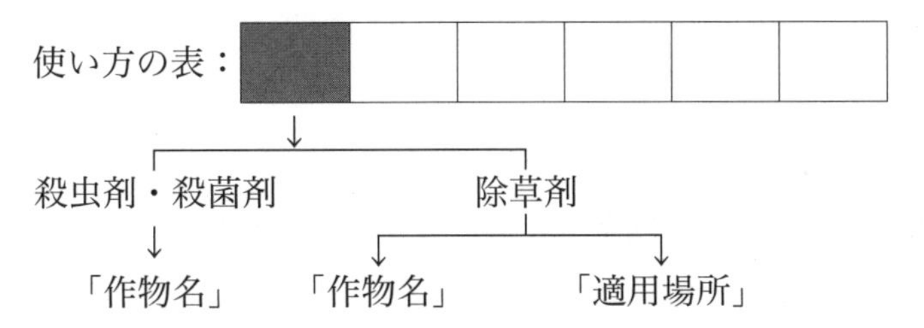

殺虫剤や殺菌剤では，作物ごと・病害虫ごとに試験を実施して認可を得るため，使用できる薬剤がない街路樹や庭園樹・草花もあった。しかし，最近はグループ登録が認められ，樹木･花木全般に使用できる「樹木類（木本植物)」，草花類全般に使用できる「花卉類・観葉植物」という作物名が認められるようになった。

除草剤のなかで作物名と適用場所が併記されている製品もある。

この種の除草剤を使用する場合は，周辺作物の安全に注意する。

（例）作物名：樹木類

適用場所：庭園・公園・運動場・宅地・駐車場・道路・堤とう(塘)・法面（のりめん）*などである。

＊　法面：切土（きりど）・盛土（もりど）の傾斜面のことをいう。

⑩－２　適用病害虫・適用雑草

農薬登録で使うことが認められた病害虫・雑草の名前が記載されている。

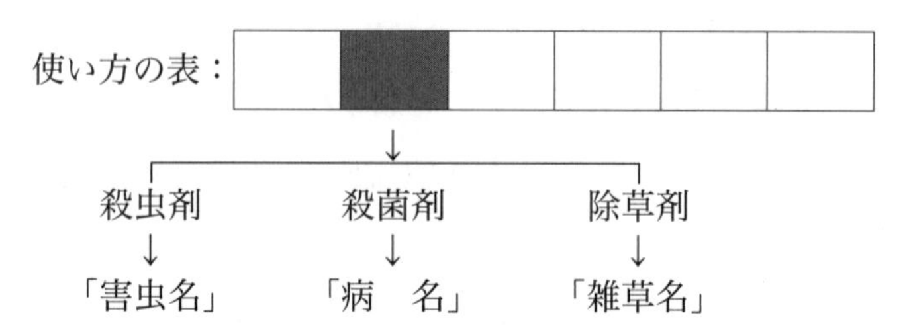

除草剤では，種名（例えば，タンポポ）を使用することは少なく，一般に生活型による分類である「一年生雑草」「多年生雑草」と，形態などによる分類である「イネ科雑草」「広葉雑草」などが組み合わされて，除草剤の効力範囲が記載される。

例：「一年生広葉雑草」「多年生イネ科雑草」など

表示事項－⑪　使い方

⑪－１　使用量・希釈倍数

効果があることと，安全（作物の薬害，収穫物中の農薬残留，環境の安全など）であることが確認された結果，農薬登録の際に決められた使用量・希釈倍数が記載される。

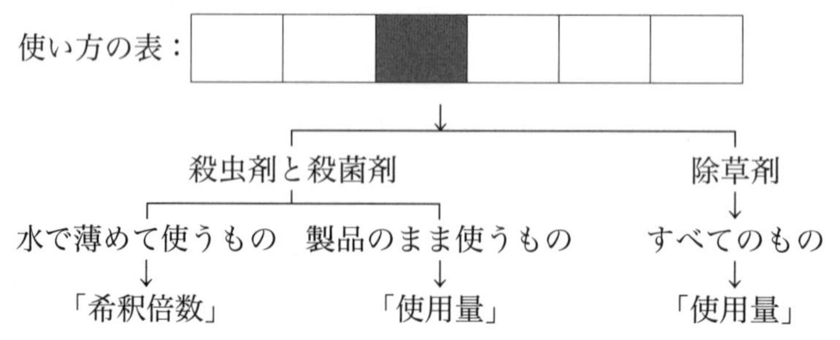

除草剤は殺虫剤などと異なり一定量の薬剤を散布しなければ効果が現れにくいため，面積当たりの使用量が表示され，希釈して使用する除草剤では使用する水量までも指定されている。

⑪－２　使用時期

庭園などで使用する農薬では，一般に病害虫・雑草を防除する時期が記載されるが，作物の生育時期（例えば，「芝の休眠期」など）が記載されることもある。

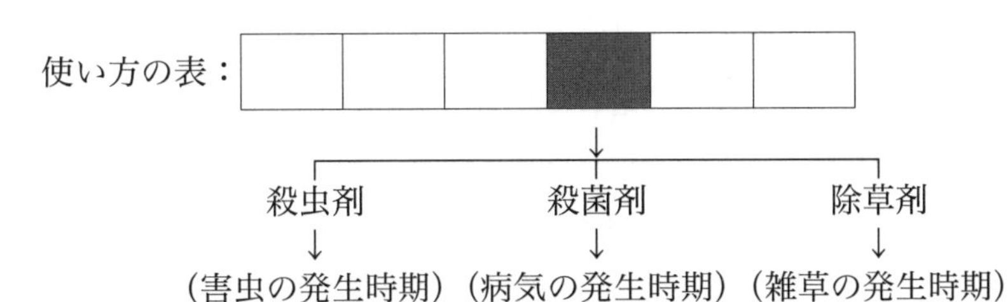

食用作物（野菜，果樹など）に使用する農薬では，「収穫7日前まで」のように記載されている。これは収穫物中の農薬が残留農薬基準値を超えることがないようにするための，最終散布日から収穫してもよい日までの日を意味している。

⑪－3　総使用回数

農薬が収穫物中や土の中などに残留するのを防ぐために，有効成分ごとに総使用回数が制限されている。庭園などで使用する農薬では，1年間に使用することが許される回数である。

使い方の表：

↓

例：2回以内

⑪－4　使用方法

「散布」「灌注」「茎葉散布」「土壌混和」「全面土壌散布」のように使用法が記載されている。

使い方の表：

↓

例：散布

表示事項－⑫　使い方の説明

農薬の使い方や調整法などについて，分かりやすく記載されている。

（3）注意事項

農薬の使用に際しては様々な注意事項がある。分かりやすいように「効果・薬害等の注意」と「安全使用上の注意」に分けて記載されている。

表示事項－⑬　効果・薬害などの注意

・薬剤を希釈して散布液をつくるときの注意

・他の薬剤との混用，他の薬剤を続けて散布するときの注意
・適用作物でも使用を避ける生育状態に関する注意
・天候状態など散布条件に関する注意
・適用病害虫や雑草に関する注意

など，主に的確な効果を得るための注意事項と，薬害の発生を回避するための注意事項が具体的に記載されている。

表示事項－⑭　安全使用上の注意

・散布時の服装に関する注意
・風向きなど安全に使用するための注意
・散布液が皮膚に付着したり，目に入ったときの注意
・散布後の片付けに関する注意
・中毒及び治療法に関する注意
・ペットや家畜に対する注意
・水産動物に関する注意（魚毒性）
・カイコ・ミツバチなど有益昆虫に関する注意
・保管に関する注意
・使い終わった容器の廃棄に関する注意

など，散布する人の安全性，環境に関する影響，保管・廃棄の条件など人畜や環境に関する注意事項が記載されており，よく読んで内容を把握してから使用する。このなかで，魚毒性，治療法，保管などは別項目で記載する場合もある。

特に注意しなければならない項目は文章だけでなく，注意喚起マークも併せて表示されている。注意喚起マークには，表２－６のように行為の禁止マークと行為の強制マークがある。

表２－６　注意喚起マーク具体例

行為の強制マーク（必ずすること）		行為の禁止マーク（してはいけないこと）	
マークの意味	マークと注意事項	マークの意味	マークと注意事項
マスク着用	散布時は，農薬用マスク（防護マスク）を着用する。	河川流出禁止（魚介類注意）	魚毒性：水産動物に強い影響あり河川・湖沼・海域・養殖池に飛散・流入する恐れのある場所では使用しない。

（表2－6　つづき）

表示	内容	表示	内容
吸収管付き防護マスク着用	投薬作業の際は，吸収缶（活性炭入り）付き防護マスクを着用する。	桑園付近使用禁止（カイコ注意）	カイコに長期間毒性があるので，付近に桑園がある所では使用しない。
メガネ着用	散布液調製時は，保護めがねを着用し，薬液が眼に入らぬよう注意する。	かぶれる人使用禁止（かぶれ注意）	カブレ かぶれやすい人は散布作業はしない。施用した作物などに触れない。
手袋着用	散布時は，不浸透性手袋を着用する。	蜂巣箱への散布禁止	ミツバチに対して毒性が強いので，ミツバチ及び巣箱に絶対かからぬよう散布前に養蜂業者等と安全対策を十分協議する。
防除衣着用	散布時は，不浸透性防除衣を着用する。	自動車等の塗装面への散布禁止	自動車，壁などの塗装面，大理石，御影石にかからないようにする（塗装汚染・変色）。
厳重保管	必ず農薬保管庫（箱）に入れ，かぎをかけて保管する。	施設内使用禁止	ハウスや煙霧のこもりやすい場所では使用しない。
その他	その他，行為の強制を喚起する事項の場合。 このマークの下又は近くに意味する文字を記載する。	飲用禁止	飲用禁止 飲めません又は飲用禁止。 ＊飲料用包装と酷似する容器にのみ記載
		その他	その他使用禁止の場合。 ＊このマークの付近に，使用禁止の文字と意味する文章を記載する。

（4）　有効期限の読み方

表示事項－⑮　最終有効年月

製品の品質が保証される年限は，次のように記載されている。

```
最終有効年月        0 8． 1 0 A B 0 0 5
                    ↑     ↑   └───────┘
（西暦下２けた）    年     月    製造番号
```

有効期限を過ぎた製品は効果不足や薬害が発生するおそれがあるので，期限内に使いきる。最終有効年月を過ぎたものは使用しない。

第4節　使用時の安全対策

現在では，農薬散布者や近隣居住者などの健康を守り，環境を保全する観点から，より毒性の弱い農薬の開発や農薬使用時の安全確保の対策が一層整備されてきている。

その結果，中毒事故の件数は急速に減少してきているが，ちょっとした油断が事故を誘発するので，農薬を取り扱うときは注意を怠ってはならない。

農薬による中毒事故を原因別に調べた農林水産省の統計（表2－7）によると，事故の原因のほとんどは使用者のちょっとした不注意によるものである。最近5年間（2010～2014）で見ても，最も多い原因は，保管管理不良，泥酔などによる誤飲・誤食によるものであることから，管理を徹底する（p.30工程5参照）。

農薬による事故の大部分は注意すれば起こさずにすむものである。したがって，油断せず，安易な取り扱いをしないことが事故防止には必要である。

表2－7　農薬中毒事故の年次別原因別件数

原因＼年度	2010年	2011年	2012年	2013年	2014年
マスク，めがね，服装等装備不十分	3	7	5	3	3
使用時に注意を怠ったため本人が暴露	1	1	5	0	2
長時間散布や不健康状態での散布	0	0	0	0	0
防除機の故障，操作ミスによるもの	3	0	0	0	0
散布薬剤の飛散によるもの	2	0	1	4	1
農薬使用後の作業管理不良	2	2	7	4	5
保管管理不良，泥酔等による誤飲誤食	12	16	16	11	14
薬液運搬中の容器破損，転倒等	1	0	0	0	0
その他	1	2	1	2	1
原因不明	13	8	3	4	3
計	38	36	38	28	29

（農林水産省）

4．1　散布作業工程と注意すべき事項

農薬使用時の安全は，準備の段階から作業後の片付けを終えるまで，それぞれの段階で守らなければならないことはいうまでもない。しかも，庭園などの農薬散布は，住宅に隣接していたり，人が散布区域内に立ち入るおそれがある場所で散布することが多いので，周辺の安全に対しても十分な準備と現場の判断が要求される。また，農地の近くで散布すると，散布液が飛散してせっかくの農作物が出荷できないことも起こり得るため，細心の注意が必要である。

そこで，農薬の使い方のなかで最も注意を要する液剤散布について，作業工程ごとに何をすべきかを理解することが大切である。

（1）　散布作業の工程

散布作業は，図2－3のように大きく分けて準備と実施である。準備の段階でも散布区域の安全性を検討しながら準備作業を進めなければならない。

散布後には，散布したときの天候や病害虫・雑草の発生状況などの記録を整理したり，効果と薬害の有無を現地調査を行って，次回の散布設計に役立てるための検討を行う。

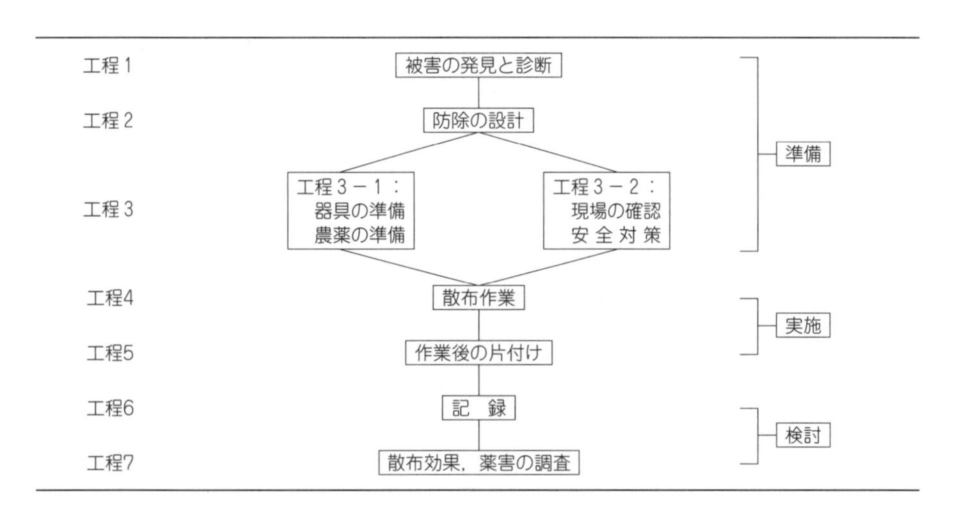

図2－3　散布作業の工程図

（2） 工程ごとの安全対策

工程１：事前の対策

病害虫が発生してから対策を協議するのでは防除適期を失するおそれがある。そのため，第１章に示した防除計画について，施設管理者と事前に打ち合わせを行い，散布の条件などを取り決めるようにする。できたら，病害虫ごとに使用する農薬を決めておくとよい。その製品のSDS（安全データシート）を取りそろえ，関係者から安全性に関する質問などが出たときにすぐに返事ができるようにしておくことが望ましい。

工程２：被害の発見と診断，設計

病害虫の早期発見に心掛け，発生した場合被害状況をよく観察して，原因を正しく診断する。除草ではどの種の雑草が防除対象かを把握するのが基本である。

始めから農薬に頼るのではなく，物理的防除法や耕種的防除法など他の防除法の利用も検討する。また，防除場所によっては飛散の危険を回避するために，塗布法・注入法・灌注法などの検討，飛散の少ない噴霧器具の使用なども検討する。

必要に応じて散布予定地周辺の住民に対して，防除目的・散布地域・散布日時・散布薬剤などの告知方法も検討する。

工程３－１：器具・農薬の準備

１）器具の準備

① 散布用器具が作業中に故障しないように，事前に整備・点検を行う。

② 液剤散布では，ホース接続部の接続不良や切断による薬液の噴出事故が多い。

作業中に散布者が散布液を浴びたり，作物に散布液がかかることによって薬害が発生することがあるので十分注意する。

２）農薬の準備

① 運搬

農薬を運搬する際には，落下・紛失などの事故に注意する。

② 秤量

散布の設計に従って，農薬の必要量を正しく秤量する。

③ 散布液のつくり方－１

農薬を水で薄める作業は，高濃度の農薬を取り扱うので注意しなければならない。

農薬によっては，着用すべき防護具がラベルに記載されているのでそれに従うこと。

④ 散布液のつくり方－２

液剤散布の場合には，散布液が残らないように使いきることが原則であるから，必

要な液量を計算して，過不足が生じないようにする。

⑤　散布液のつくり方－3

水に希釈して使用する殺虫剤や殺菌剤は希釈倍数が表示されているが，除草剤には希釈倍数は表示されていない。代わりに一定面積当たりの薬量と希釈水量が記載されているが，一定面積とは10アール（1000m^2）当たりで表示されている製品が多い。

散布面積から必要な薬量を計算し，所定の水量に希釈して均一に散布する（表2－8参照）。

表2－8　希 釈 表

散布水量／希釈倍数	10リットル	20リットル	30リットル	40リットル	50リットル	100リットル
500倍	20.0	40.0	60.0	80.0	100.0	200.0
1000倍	10.0	20.0	30.0	40.0	50.0	100.0
1500倍	6.7	13.3	20.0	26.7	33.3	66.7
2500倍	5.0	10.0	15.0	20.0	25.0	50.0

※希釈倍数と散水量の重なった部分の数字が必要な薬量（g又はmℓ）である。

工程3－2：現場の確認・安全対策

1）現場の確認

①　散布作業を始める前に気象状況を調べて，降雨・強風・高温などによる効果不良や薬害が発生するおそれがあるか否かを検討し，散布の可否を判断する。

②　散布区域内と他の作業者・通行人・自動車などが立ち入るおそれがある場合は液剤散布や粉剤散布を控える。

2）安全対策

事前告知をしていても必要があれば，散布前に以下の安全対策を行う。

①　隣家に注意と協力（洗濯物の収納，窓を閉めるなど）を依頼する。近くに学校がある場合は学校に通知する。隣地に食用農作物が栽培されている場合には，必要に応じて栽培者に通知する。その際，農薬使用の目的，散布日時，使用農薬の種類などについて説明する。

②　通行人や自動車を監視し，看板やロープなどによって立ち入りを制限する。

③　駐車中の自動車や住宅への飛散を防止するために，必要があれば防護幕を張る。

工程４：散布作業

1）散布者の安全

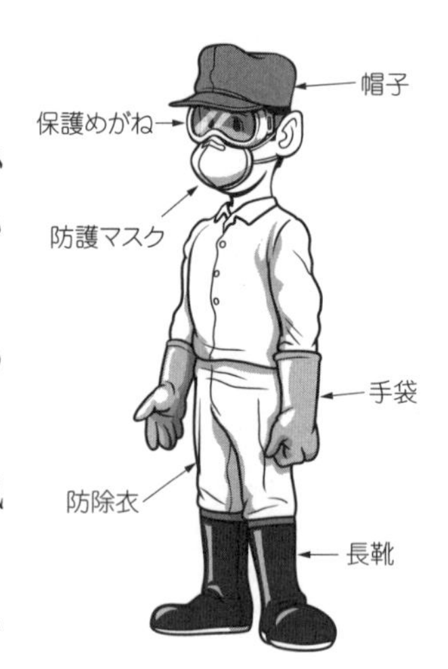

① 肌を露出することのない服装で散布する。特に注意が必要な農薬は，ラベルに保護具を着用するよう記載されているのでそれに従う。

② 長時間の連続散布は，不注意による事故の原因となるので，休憩をとる。

③ 散布者が農薬を浴びないように風向きに気をつけて，風を背にして風上に後退しながら散布する。

④ 事前に健康を確かめ，疲労している者・病気の者・アレルギー体質の者などは散布作業に従事しない。

2）周辺への飛散（ドリフト）の防止

① 風速３m/秒以上の風のあるときは散布を中止する。

② 散布は，朝夕の涼しくて風が吹くことの少ない時間帯に行う。風向きは常に変化するので，注意を怠らないようにする。

③ 噴霧器の圧力を減じたり，飛散の少ないノズルを使用する。

④ 万一，食用農作物に飛散したときは，直ちに散布を中止し，栽培者に連絡して対策を協議する。

工程５：散布後の片付け

1）農薬の管理

農薬は保管庫に施錠して保管する。

① 空容器（空きびん，空き袋など）は現場に放置せず，回収して確実に処分する。

②　容器内に残った農薬は，しっかりと口を閉じて湿気が入らないようにしてから，保管庫に保管する。

保管について特に注意を必要とする農薬は，ラベルに保管の注意が表示されているので，その指示に従う。

③　容器内に残った農薬は，誤用や誤飲による事故の発生源になるので，容器の移し替えは絶対に行わない。

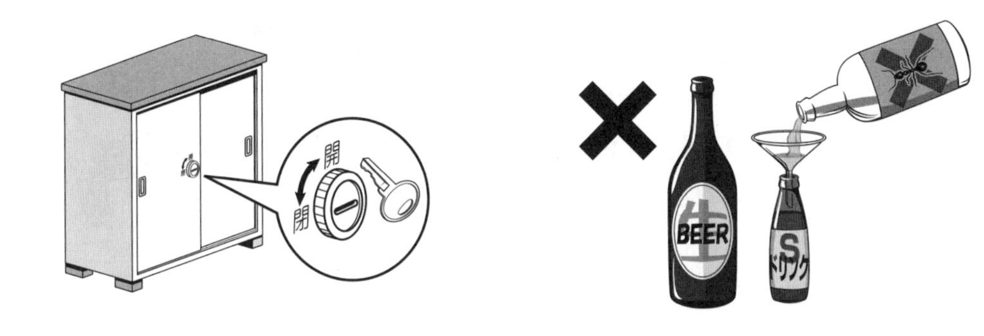

２）散布器具の洗浄

散布器具は洗浄して，タンクやホースの中に農薬が残って薬害の原因とならないようにする。特に，除草剤を散布した散布器で，次回に殺虫剤や殺菌剤を散布する場合に薬害事故が起こりやすい。

３）手足・衣服の洗浄

作業を終えてから，手足・顔などの露出部を石けんで洗い，うがいや洗眼をする。また，散布作業に用いた作業着・防除衣などはいつまでも着ていないで着替えて洗濯する。

工程６：記録と保管

農薬を使用した場合は，次の項目を記帳して保管するよう定められている。

①年月日　②使用場所　③対象農作物　④気象条件（風の強さなども）　⑤農薬の種類又は名称　⑥使用量・面積・希釈倍数

防除効果の記録は，以後の防除の参考となるので大切に保管する。

工程７：散布後の調査

散布後に効果と薬害の調査をする。効果不良や薬害の発生が認められた場合には，すぐに対策を講じる。

4．2　農薬中毒の応急処置

薬剤散布中又は散布後に気分が悪くなったり，吐き気を催したなど農薬による中毒と思われる場合は，すぐに薬剤散布を中止して医師に連絡をとり診断を受ける。

（1）　医師の診断を受けるまでの応急処置

取扱いを誤った場合に事故が発生するおそれがある農薬には，そのラベルに応急処置の方法が記載されているのでそれに従う。

（2）　医師の診断を受ける際に伝える事項

受診する際，医師に次の点を必ず伝える。

①　農薬の名称（商品名でもよいが種類名が理解しやすい）

②　農薬の量及び事故発生時刻

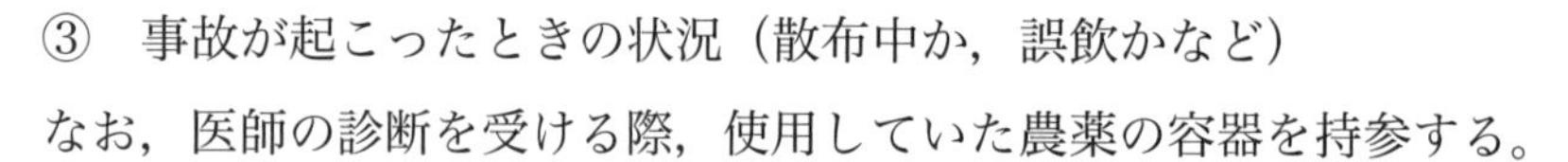

③　事故が起こったときの状況（散布中か，誤飲かなど）

なお，医師の診断を受ける際，使用していた農薬の容器を持参する。

医師の指示が得られない場合は

公益財団法人日本中毒情報センターに連絡し，前項の各項目・状態などを知らせて処置方法を聞く。

・大阪中毒110番　　072－727－2499（365日　24時間対応）

・つくば中毒110番　029－852－9999（365日　9：00～21：00対応）

学習のまとめ

・農薬は，農作物やこの教科書で取り上げている植木・芝生・草花などを病害虫や雑草などから守るために防除したり，又は農作物・緑化植物の生理的機能を調節して生産性の向上や人の生活に潤いを与えるためにつくられた薬剤である。

・現在の農薬は安全性の高い薬剤であるが，使用する者が正しい使い方をすることによって，はじめて安全性が守られることを忘れてはならない。

・特に住宅地の周辺での農薬散布は，農薬の飛散による居住者や通行人の健康被害の防止に留意しなければならない。またポジティブリスト制度の導入に伴って，農薬によって隣接地の食用農作物を汚染しないよう一層の注意が必要である。

・農薬の分類方法はいろいろあるが，主に使われている分類法は，使用目的による分類（用途別分類）・剤型による分類（剤型別分類）・使い方による分類・作用性による分類・化学構造の系統による分類がある。

・農薬は，有効成分に希釈剤や補助剤を加えて，使いやすい形態に加工して製品となる。その製品の形や特徴によって分類するための名称として「剤型」が使われている。剤型の種類で，庭園に使用されるものには，乳剤・液剤・フロアブル・水和剤・顆粒水和剤・水溶剤・粒剤・塗布剤・ベイト剤などがある。

・剤型の種類と使い方

①　液体の製品で水で薄めて使うもの：乳剤・液剤・フロアブル

②　固体の製品で水で薄めて使うもの：水和剤・顆粒水和剤・水溶剤

③　固体の製品でそのまま使うもの：粒剤・ベイト剤

④　その他：樹幹注入剤・塗布剤など

・庭園などで一般的に行われる薬剤の散布方法は，

①　噴霧法：乳剤や水和剤を水で薄めて噴霧器で樹木の葉や枝などに散布する方法。

②　散粒法：粒剤などの製品をそのまま土の表面に散布する方法。

③　灌注法：土の中の病原菌や害虫を駆除するため，土の中に薬剤を注入する方法。

④　塗布法：塗布剤を樹木の切り口に塗る方法。

などがある。

・農薬を使用するときは，農薬のラベルに使用方法や取り扱うときの注意事項が記載されているので，使用する前には必ずラベルを読むことが必要である。

・人に対する毒性については，「毒性及び劇物取締法」に規定されている。
・農薬による最近5年間の中毒事故で最も多い原因は，保管管理不良，泥酔などによる誤飲誤食によるものであることから，管理を徹底し，油断せず，安易な取扱いをしないこと。
・散布作業の工程は，
①被害の発見と診断→②防除の設計→③器具・農薬の準備と現場の確認，安全対策→④散布作業→⑤作業後の片付け→⑥記録→⑦散布後の調査
の順で行う（具体的にはp.27，図2－3の散布作業の工程で確認すること。）。
各工程ごとに安全性を検討しながら作業を進める。
・農薬中毒を起こしたときは，応急処置を施すとともに，すみやかに医師の診断を受ける。その際には次の事項を伝える。
① 農薬の名称（商品名でもよいが種類名が理解しやすい。）
② 農薬の量及び事故発生時刻
③ 事故が起こったときの状況（散布中か誤飲かなど）
なお，医師の診断を受ける際，使用していた農薬の容器を持参する。

第3章
病気の種類と特徴

植物が環境に順応し，正常に生育しているときは問題ないが，何かの影響で日照・温度・湿度や風雨などの気象の影響を強く受けたとき，動植物が異常に発生したときや緑化植物の移動・移植などによる栽培環境の変化を受けたときに，緑化植物は敏感に反応する。植物が何らかの原因で正常な生育が妨げられ，植物本来の機能を損なったときに，緑化植物はしおれたり，枯れたり，生育異常を起こすなどの様々な症状を示すようになる。

このような現象を病気と呼んでいる。

学習のねらい

1．病気が起こる原因を理解する。
2．病気が起こる仕組みを理解する。
3．病原体の種類と形態の特徴を学ぶ。
4．病原体の生態と伝染法を学ぶ。
5．病徴と標徴を学ぶ。
6．緑化植物（植木・芝草・草花）の病害防除の方法を学ぶ。
7．緑化植物について病気の診断と防除法を学ぶ。
8．殺菌剤の使い方を学ぶ。

第1節　病気の発生と仕組み

1．1　病気の発生

植物が病気にかかる場合，図3－1のように，1つの要因だけで病気にかかることはまれで，ふつう，2つ又は3つ以上の要因が重なっている。

3つの要因とは，病原体(びょうげんたい)*[1]が存在すること（主因(しゅいん)），植物自身が病気にかかりやすい性質を持っていること（素因(そいん)），そして発病を誘発する環境（誘因(ゆういん)）である。

すなわち，植物が病気にかかるには，病原力の強い病原体が高い密度ではびこり，それが病気にかかりやすい性質（感受性）を持っている植物に侵入して，発病に適した環境にさらされることが必要である。

したがって，病原体の数が少なく病原力が弱かったり，植物が遺伝的に病気にかかりにくい性質（抵抗性）を持っていたり，環境（気温，湿度など）が発病に適していなければ病気は起こりにくい。

図3－1のように主因と素因の輪の大きさは，病原体の密度や病原力と植物体の感受性でおおよそ決まってくるが，誘因となる輪の大きさは環境条件によって常に変化している。

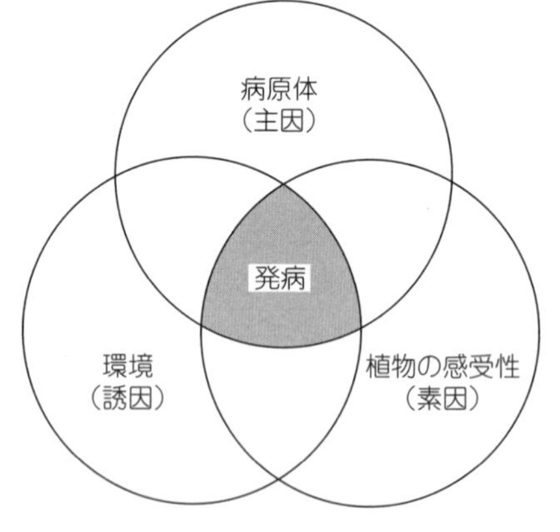

図3－1　発病条件

例えば，うどんこ病菌が植物体に侵入する時期は，春と秋の温度が穏やかな湿度が比較的高い間で，真夏と冬は活動しない。うどんこ病は，樹木の葉が茂っていて風通しが悪い状況下において多発する。

1．2　病気の種類

植物の病気は，図3－2のようにその原因によって，伝染性の病気と非伝染性の病気の2つに分けられる。

伝染性の病気の原因には，菌類（糸状菌(しじょうきん)）・細菌・ウイルス・ファイトプラズマ・センチュウ（線虫）などがある。センチュウは，センチュウ病の病原であるが，害虫として扱

＊　病原体：直接病気の原因となるもの（例えば，菌類，細菌，ウイルスなど）をいう。菌類と細菌を指す場合に限り病原菌と呼ぶこともある。

うことができるので，この教科書では，主に害虫として取り上げる。

これらの伝染性の病気のなかで最も病原体の種類が多いのは菌類で，そのほかの病原体によるものは，菌類に比べて種類が少ない。

非伝染性の病気の原因には，植物体に生理障害を起こす厳しい土壌条件，気象条件，環境汚染物質，管理作業不良などがある。

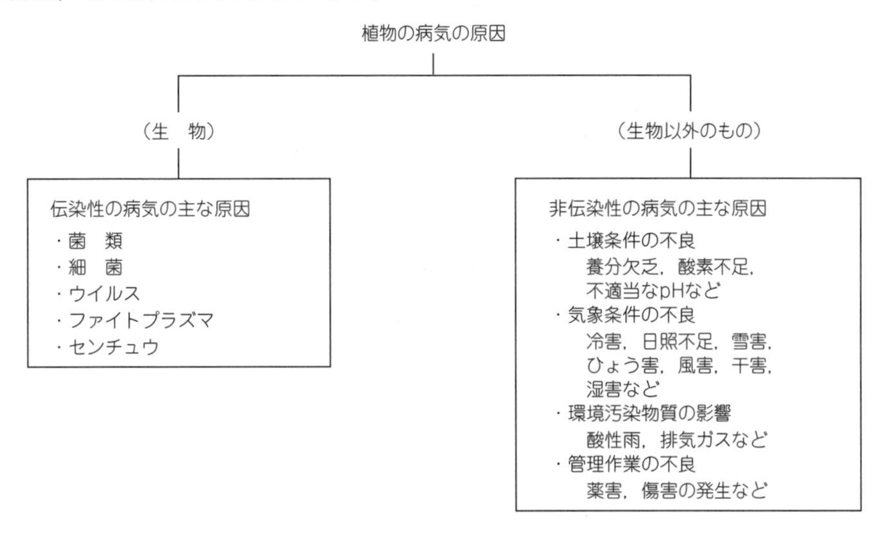

図3－2　植物の病気の原因

1．3　発　　病

病気に侵された植物に病原体がたくさん増殖し，病気が広がる源となるものを伝染源という。

この伝染源から運ばれた病原体は，図3－3のように，付着，侵入，感染の過程を経て増殖し，植物が発病する。

伝染源から健全な植物に病原体が広がることを分散といい，分散の結果，新しい病気が起こることを伝染（伝播（でんぱ），伝搬（でんぱん）ともいう）という。伝染の仕方には次のものがある。

① 風媒（ふうばい）伝染（空気伝染）

葉や枝の病患部で大量につくられた胞子が風によって運ばれて，健全な植物に伝染すること。菌類では，最も一般的で重要な伝染方法である。

② 水媒伝染（雨媒（うばい）伝染）

病原体が雨滴や水の流れによって移動したり，細菌や固着している胞子が雨で溶け出したり，水滴で飛び散って健全な植物に伝染すること。

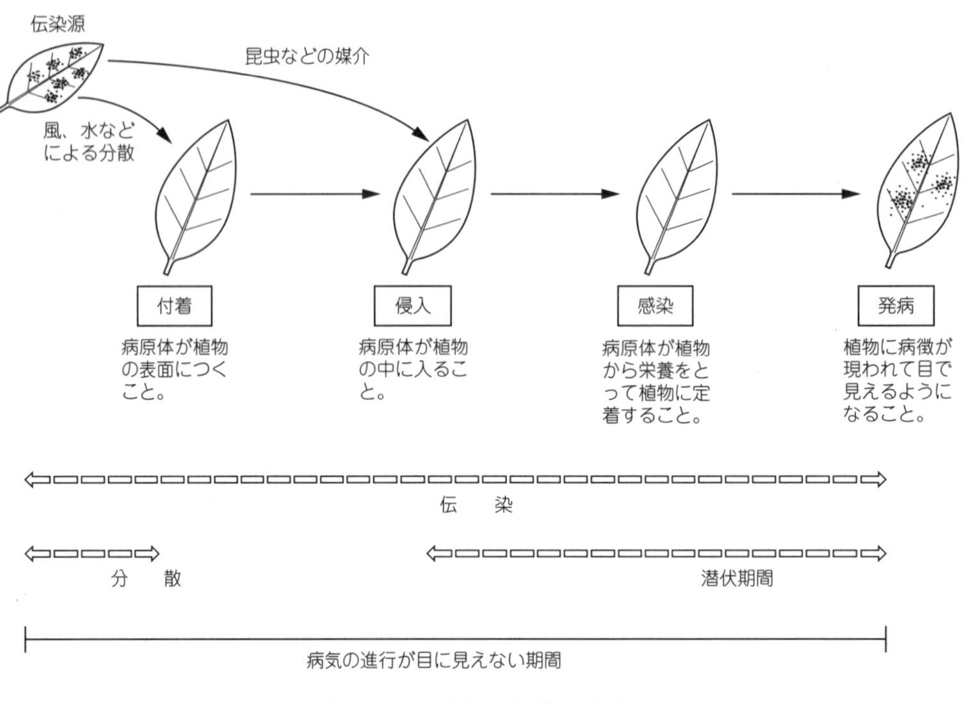

図３－３　病気の伝染と発病

③　虫媒伝染（昆虫伝染）

病原体が昆虫などの体に付着したり体内に取り込まれたりして運ばれ，健全な植物に伝染すること。ウイルスやファイトプラズマの移動はこれによる。

④　接触伝染

病気の植物と健全な植物の接触や，管理作業（草花の芽を摘む作業など）によって，病原体を含む汁液が運ばれて伝染すること。

⑤　土壌伝染

土の中の病原体が植物の根や地面に近い茎葉（けいよう）に侵入し，伝染すること。

⑥　種子伝染

病原体が植物の種子に侵入・付着して伝染すること。

病原体が植物に侵入する方法は，付着した病原体が表皮から貫入したり，気孔や傷口から侵入するものや昆虫などの媒介によって侵入するものもある。

侵入した病原体は，植物組織内に定着し，栄養をとって生活を始める。この状態が感染である。病気に感染するとすぐに発病するわけではなく，感染してから発病するまでの期間を潜伏期間といい，その期間は，病原体や植物の種類，環境条件などによって異なる。

１．４　病徴と標徴

病原体が植物に侵入し，植物が病気になると局部的に斑点ができたり，又は全身に色や形態の変化が起こる。このような病気による植物の異常な変化を病徴という。病徴のなかで，うどんこ病（→病－５）やさび病（→病－14）のように菌糸や胞子そのものが植物体の表面に現れ，肉眼で観察できる特徴を標徴という。

病徴や標徴は，それぞれの病気の特徴として違いがあり，植物の病気を診断する（病名を決める）ための大切な手がかりとなる。したがって，病徴や標徴には，診断に役立つよう形や色などによって統一的な用語が用いられる。

このようなことから病名は病徴や標徴によって命名されるため，病名によって殺菌剤を選ぶと間違いの原因になるので，病原菌を調べるなどの注意が必要になる。

第２節　主要な病原体の種類と特徴

病気の種類は，植物の種類（植木・芝草・草花など）によって様々なものがある。植木のなかでも樹種（例えば，サクラ・カシ・マツなど）によって発生する病気の種類が違っていることが多い。また，病気の症状は植物のどこに発生するか，その発生部位（例えば，葉・枝・根など）によっても違うので，病気の種類ごとの症状の特徴を知ることにより，何の病気かを診断することができる。

ここでは伝染性の病気について取り上げ説明する。

緑化植物につく病原体には，たくさんの種類があるが，植物を侵す病原体としては菌類が最も多く，そのほかの病原体は菌類に比べて少ない。しかし，細菌・ウイルスなどによる病気のなかには，植物に大きな被害を与えるものがあり，いずれも油断してはならない病原体である。そのほかにリンドウてんぐ巣病，クリ萎縮病のようなファイトプラズマによる病気もある。

病原体ごとに形態や生態が全く違うので，伝染方法や病気の症状にもそれぞれに特徴がある。

２．１　菌　　類

①　分類学上で菌類と呼ばれるものは，一般に「カビ」と呼ばれ，栄養体は図３－４(a)のように細長い糸状（菌糸という）をしているので糸状菌の名で知られている。

菌類の細い菌糸は栄養分を吸収して発育し，枝分かれし，集落を形成する。菌糸は太さ5～10μm（ミクロン）（1ミクロンは1/1000mm（ミリメートル））と極めて小さいため，顕微鏡を使わないと見ることができない。

② 菌類の菌糸は，伝染源となる胞子をつくる。胞子には様々な形態があるが，一例をあげると，図(b)のようなうどんこ病の胞子がある。胞子は風で運ばれて植物の葉などに付着すると，植物に侵入するための細胞（発芽管という）を伸ばして植物の気孔から侵入したり，表皮のクチクラ（角皮）を貫通して侵入し，内部で栄養をとりながら成長して病気を起こす。菌類による病気は，病徴のほかに標徴が現れる。

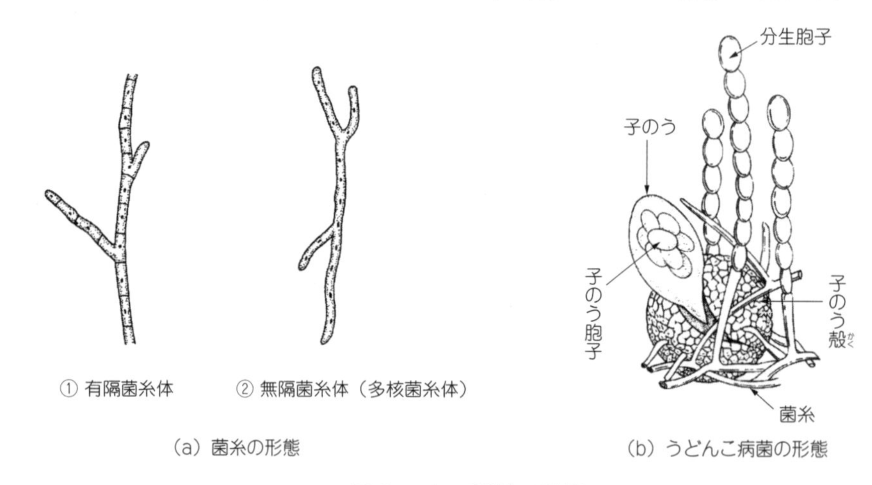

図3－4　菌類の形態

③ 菌類による病気には，次のようなものがある。

植木の病気：うどんこ病（→病－5・12・25・35），ごま色斑点(はんてん)病（→病－7）など。

芝草の病気：葉腐(はぐされ)病（ラージパッチ）（→病－49），さび病（→病－50）など。

草花の病気：灰色カビ病（→病－54），キク黒さび病（→病－51）など。

2．2 細　　菌

① 細菌は，バクテリアとも呼ばれるもので，1個の細胞でできた微生物である。

細菌の形態には，図3－5のように桿状(かんじょう)（細長い棒状）をしている桿菌(かんきん)，球状の形をしている球菌(きゅうきん)，らせん状の形をしているらせ

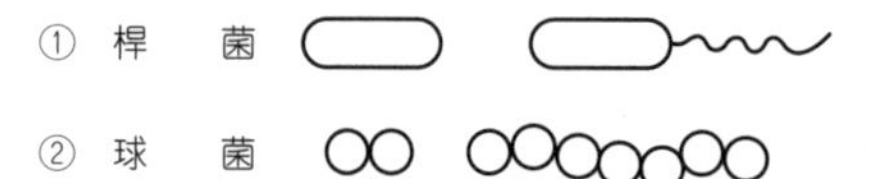

図3－5　細菌の形態

ん菌の３種類がある。植物病原体はいずれも桿状の細菌である。増殖は２分裂（１個体が同形の２個体になること）によって行う。大きさは１μm（ミクロン）程度で，顕微鏡を使わないと見ることができない。

② 細菌は，植物の気孔や傷口から侵入して病気を起こす。増殖に好適な条件下では急速に個体数が増えるので，大きな被害をもたらすことがある。

植木や草花には多くの細菌による病気がある。

③ 細菌による病気には，次のようなものがある。

植木の病気：トウカエデ首垂細菌病（→病－24），根頭がんしゅ（癌腫）病（→病－30・34），フジこぶ病（→病－31）など。

芝草の病気：報告例が少ない。

草花の病気：斑点細菌病，軟腐病など。

2．3 ウイルス

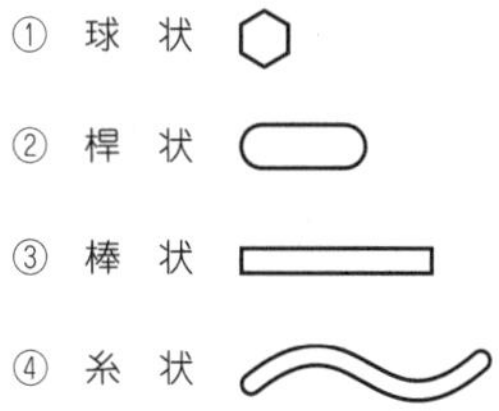

① ウイルスは生物として取り扱われているが，その本体は細胞ではなく，核酸とタンパク質からできている粒子である。ウイルスは生きた細胞の中でのみ増殖することができる。

① 球　状
② 桿　状
③ 棒　状
④ 糸　状

図３－６　ウイルスの形態

植物病原ウイルスの形態には，図３－６のように，球状・桿状・棒状・糸状などがある。大きさは0.02～0.8μm程度と極めて小さいので，電子顕微鏡を使わないと見ることができない。

② ウイルスは，自分自身で植物に侵入できないので，病汁液の接触や罹病植物の接木，アブラムシなど昆虫の媒介によって伝染する。

ウイルスに感染した植物は，全身に異常が現れるが，特に葉の緑色の濃淡ができるモザイク症状，草丈が低くなる矮化症状，花の小型化，斑入り症状などの変化が現れる。

③ ウイルスによる病気には，次のようなものがある。

植木の病気：ジンチョウゲモザイク病（→病－18）など。

芝草の病気：ニホンシバモザイク病など。

草花の病気：サルビアモザイク病，ペチュニアウイルス病など。

第3節　主な病原体による病気

3．1　菌類による病気

菌類による病気は，植物の病気のなかで大部分を占めている。病原体のなかで菌類だけが植物の表皮のクチクラ（角皮）を貫通して侵入することができる。

3．1．1　種類と主な病気

菌類のなかで緑化植物の病気として発生の多いものを表3－1に示す。

各菌類の病原菌が起こす病気のうちで主なものは，次のとおりである。

植物の病名は寄生植物名（例えばマサキ）に病徴や標徴（例えばうどんこ病）を付けてマサキうどんこ病と呼び，分類学上の学名は*Oidium euonymi-japonicae*と呼ぶ。

表3－1　病原菌となる菌類と発生の多少

発生頻度	菌類の名称
多	担子菌類
	子のう菌類
	不完全菌類
	卵菌類
少	接合菌類

①　担子菌類

植木：ボケ赤星病（→病－33），マツこぶ病（→病－36），ツバキもち病，ならたけ病，紫紋羽病，サクラ灰色こうやく病（→病－11）など。

芝草：さび病（→病－50）など。

草花：さび病（→病－51）など。

②　子のう菌類

植木：サクラてんぐ巣病（→病－10），ジンチョウゲ白紋羽病（→病－17），ハナミズキうどんこ病（→病－25），バラ黒星病（→病－29），マツ葉ふるい病（→病－39）など。

芝草：雪腐大粒菌核病など。

草花：フッキソウ紅粒茎枯病（→病－32）など。

③　不完全菌類

芝草：葉腐病（ラージパッチ）（→病－49）など。

草花：シクラメン灰色カビ病（→病－53）など。

④　卵菌類

植木：ブドウべと病など。

芝草：ピシウム病など。

草花：キンギョソウ疫病など。

⑤　接合菌類

植木：イチジク黒カビ病など。

草花：ユリ腐敗病など。

3．1．2　病徴と標徴

菌類による病気の主な病徴と標徴には，次のようなものがある。

病徴は，同一の病原体であっても，植物の種類や発生部位，発生条件（時期など）によって形や色が違うことがあるので，植物の病気を診断する際に注意しなければならない。

（1）病　　徴

a．全身病徴

萎凋（いちょう）：植物体の全体又は一部がしおれ，やがて枯死する…シクラメン萎凋病（→病－52）

根が被害を受けるもの…白絹病，ムクゲ白紋羽病（→病－40）

植木の樹幹・根が腐敗するもの…材質腐朽病（→病－15）

b．局部病徴

①　斑点：葉に褐色・黒色・赤紫色などの色の変化が起こり，その形は点状・角型・輪紋などの斑点状，不整形の斑点状などになる。多数の斑点ができると葉が枯死したり落葉する。…斑点病，黒星病，褐斑（かっぱん）病など多数の病気がある。

②　せん孔（こう）：葉の斑点の周囲に離層が形成されて穴があくもの…サクラせん孔褐斑病（→病－９）

③　縮葉（しゅくよう）：葉が展開するときに縮れるもの…ハナモモ縮葉病（→病－27）

④　落葉：病気になった葉が落葉するもの…マツ葉ふるい病（→病－39）

⑤　肥大・増生（ぞうせい）：葉・つぼみが肥大するもの…ツツジ・サツキもち病（→病－23）

枝・幹の一部が肥大するもの…マツこぶ病（→病－36）

⑥　そう（叢）生：枝の先が異常に枝分かれするもの…サクラてんぐ巣病（→病－10）

⑦　枝枯れ・胴枯れ：枝・胴（樹幹）の一部が侵され，それより上部が枯れるもの…バラ枝枯病，モミジ胴枯病

⑧　腐敗：植物体の一部が腐るもの（根や茎が腐敗する）…キンギョソウ疫病

（2） 標　　徴

標徴は菌類による病気の場合のみ現れる。

a．栄養体による標徴

① 菌糸が粉状・すす状に見えるもの…マサキうどんこ病（→病－35），モチノキすす病（→病－42）など。

② 菌糸束：菌糸が集まって白色，紫色，褐色，黒色などの糸状になって植物体の表面についているもの…ジンチョウゲ白紋羽病（→病－17），紫紋羽病など。

③ 菌糸膜：菌糸が厚い膜状になって植物体上を覆うもの…サクラ灰色こうやく病（→病－11）など。

④ 菌核：菌糸が固まりとなり，白色・赤褐色・黒色などをした表層で包まれるもの…ツツジ・サツキ花腐菌核病（→病－21），白絹病など。

b．繁殖体による標徴

① 胞子塊：病斑の部分から胞子が表面に出て葉の表面を覆うもの…キク黒さび病（→病－51），灰色カビ病，うどんこ病，シャクヤク斑葉病など。

② キノコ：植木の幹や芝草の病気の部分に生えるきのこ…ならたけ病などの材質腐朽病（→病－15），フェアリーリング病（→病－46）など。

③ 小黒点：病斑上に黒色又は黒褐色の点が散在するもの。分生子を形成する柄子殻や子のう胞子を形成する子のう殻が点状に見える。…キンモクセイ先葉枯病（→病－8），ツバキ炭そ病など。

④ 子のう盤：菌核上に生じた皿状のもの。その中に胞子を形成する。…花腐菌核病（→病－21）など。病患部の表面に形成された皿状のもの。その中に胞子を形成する。…果樹の灰星病など。

3．1．3 生　　態

a．栄養の摂取方法と生活の仕方

菌類は葉緑素を持たないので光合成を行えず，緑色植物の有機質（炭水化物，たんぱく質など）を栄養源にしている。植物病原菌は，栄養の取り方によって次のように大別される。

① 絶対寄生菌（純寄生菌）

生きた植物（寄主又は宿主という）に侵入して，細胞・組織から栄養を取って生活する（寄生という）もので，他の場所では生育できない。〈休眠→寄生→休眠〉を繰り返す。…うどんこ病，さび病，べと病など。

②　腐生菌

死んだ植物組織や他の生物の排泄物などから栄養をとって生活する（腐生という）もので，植物病原菌にはなり得ないが美観を損なうもの。…すす病など

③　条件的寄生菌

主に腐生的に生活するものであるが，条件によって寄生するもの。老化したり傷を受けて死んだ植物組織で腐生生活を行ってから，生きている組織に侵入する。〈休眠→腐生←→（寄生）→休眠〉を繰り返す。…灰色カビ病など。

④　条件的腐生菌

本来は生きた植物に寄生して細胞や組織を殺して栄養をとるが，寄生した植物が枯れた場合や生きた寄主がない場合には，腐生的に生活するもの。〈休眠→寄生←→（腐生）→休眠〉を繰り返す。…植物病原菌の大部分のもの。

ｂ．休眠と伝染

菌類が活動するのに好適な条件は，一般に気温が20～30℃で，湿度が高いことである。したがって，低温の冬や高温の夏の不適な時期には活動を休止（休眠）して越冬・越夏し，春と秋の好適な時期には活動が活発になり，病気の発生が多くなる。

休眠を終えた病原体による最初の伝染を第一次伝染といい，この伝染によって発病した個体や組織から健全なものへと伝染し，まん延することを第二次伝染という。第一次伝染の源となるものを第一次伝染源と呼ぶ。

越冬 → 第一次伝染 → 罹病組織内での増殖と胞子形成 → 第二次伝染 → 越冬

菌類は，罹病植物上の病患部や土の中にある分解物などの中で越冬する。

ｃ．繁 殖 法

菌類の繁殖方法は，菌糸を延ばして広がる栄養繁殖と，菌糸からつくられる胞子が飛散して広がっていく繁殖体による繁殖とがある。

菌類の胞子は，図３－７のように有性胞子と無性胞子に大別される。好適な条件下で，植物の病気の部分につくられた多量の分生子（分生胞子ともいう）が風や水などによって運ばれ，他の植物体上に到達して発芽し菌糸となる。新しい菌糸上には再び分生子が形成される。このように栄養繁殖と分生子の形成を繰り返して病気がまん延する。

不適な条件下で生活環境を終える時期になると，不完全菌類を除く菌類は有性胞子を生じる（不完全菌類は有性生殖を行わず，分生子だけを形成する）。

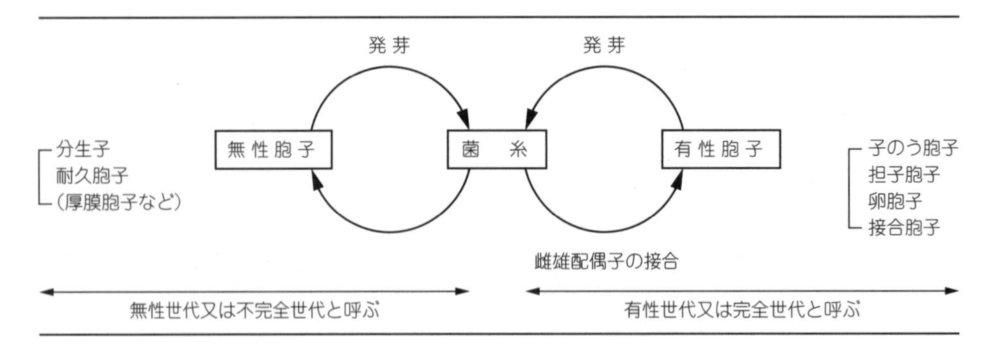

図３－７　菌類の生活環と胞子の種類

d．生活環と伝染

菌類は，越冬を終えてから胞子形成による繁殖を繰り返して病気をまん延させたのち，再び越冬するための準備を行う。このような菌類の過ごし方を生活環という。

① マサキうどんこ病（→病－35）は，図３－８の生活環のように繁殖に好適な時期（春～秋）には葉の表面がうどん粉を振りかけたようになり，そこから分生子が飛散して第二次伝染を活発に繰り返す。不適な時期（晩秋～冬）になると，越冬芽の組織内に潜伏した菌糸によって越冬したり，子のう殻を形成して越冬し生活環を終える。翌春に子のう殻から子のう胞子が飛散して第一次伝染源となる。

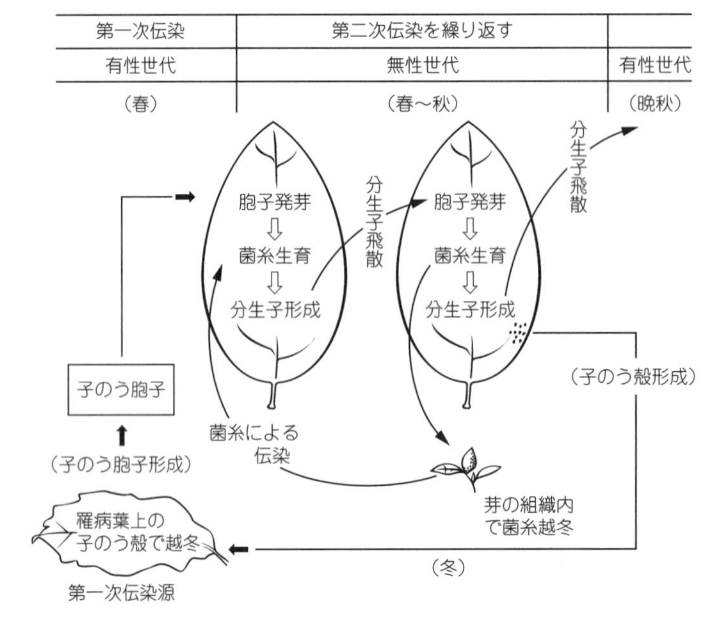

図３－８　うどんこ病菌（子のう菌類）の生活環と伝染

② 菌類のなかで特殊な生活環を持つものとして，さび病菌（担子菌）がある。さび病菌の一種であるボケ赤星病菌の生活環は，図３－９のように樹種が異なるボケ（宿主）とビャクシン（中間宿主）の間を行き来して生活する（異種寄生という）。ボケの赤星病（→病－33，写真：上）から二次伝染によって付近のボケにまん延することはなく，ビャクシン類のさび病（同写真：下）から飛散する胞子で発病する。

したがって，リンゴ園やナシ園の近くでは，カイヅカイブキの栽培を避けることで赤星病を予防している。

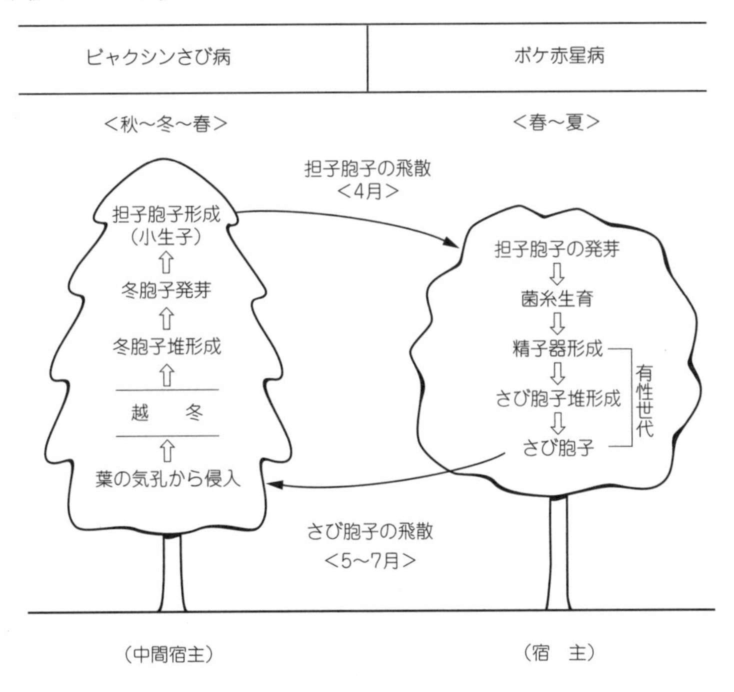

図３－９　ボケ赤星病菌（担子菌類）の生活環と伝染

このように菌類の生活環は病原体の種類によって異なる上，宿主植物の状態や環境条件の変化に伴って変わる。したがって，病原体の生活環を知ることは，生活環の一部を完全に切る（取り除く）ことで的確な防除を行う上でも重要である。

3．2　細菌による病気

3．2．1　種類と主な病気

植物の病原体として注意が必要な細菌には，分類学上次の４つの属がある。そのなかで，草花の病原細菌には，シュードモナス属細菌によるものが最も多い。植木では，根頭がんしゅ病の発生が最も多いが，ほかの３つの属による被害は少ない。

① シュードモナス属

植木：ヤマモモこぶ病（→病－44），ウメかいよう病など。

草花：ガーベラ斑点細菌病，サクラソウ腐敗病，キンギョソウ斑点細菌病など。

② キサントモナス属

植木：モモせん孔細菌病など。

草花：ベゴニア斑点細菌病など。

③ アグロバクテリウム属

植木：バラ根頭がんしゅ病（→病－30）など。

草花：キク根頭がんしゅ病など。

④ エルビニア属

植木：フジこぶ病など（→病－31）。

草花：サクラソウ軟腐（なんぷ）病など。

3．2．2 病　徴

細菌によって起こる病気には，他の病原体の病徴と違った状態を示すものがある。

軟腐病では植物組織のペクチン（組織をつなぐ粘性の炭水化物）を分解するので，組織が壊れやわらかくなって腐敗する。細菌は小さな斑点をつくるものが多く，その斑点は最初は水浸状（すいしんじょう）（水がしみたように軟化した状態）になり，やがて壊死病斑（えしびょうはん）となる。

細菌による病気の病徴には次のようなものがある。

a．全身病徴

萎凋：侵入した細菌が，養分や水分が通る導管を破壊し水分の移動を妨げるため，植物がしおれたり（萎凋），枯死（草木が枯れること）するもの。…カーネーション萎凋細菌病

b．局部病徴

① 斑点：葉に斑点をつくるもの。病斑の周囲は水浸状・油浸状に変化する。…ベゴニア斑点細菌病

② 腐敗（ふはい）：植物の組織が腐敗するもの。軟腐病は植物の組織が軟化（なんか）（やわらかくなること）し悪臭を放つ。…球根類の軟腐病

③ せん孔：葉の病斑部分の細胞が崩壊して穴があくもの…モモせん孔細菌病

④ 肥大（ひだい）・増生：形態の変化が起こるもの…バラ根頭がんしゅ病（→病－30），ヤマモモこぶ病（→病－44）

3．2．3 生　態

細菌は植物の表皮のクチクラ（角皮）を貫通することができないので，植物の気孔，水

孔などの開口部を通って侵入したり，昆虫の食害や風などによってできた傷口や剪定（せんてい）した際の切断面などから侵入する。

侵入した細菌は，植物から栄養を取りながら増殖する。増殖は，細胞を二分する方法（二分裂）であり，環境条件がよいと急激に数が増える。また，病気を起こす桿菌には鞭毛（べんもう）という運動するための毛がついているものが多い。

生育に不適な冬期には，土の中や植物の健全組織・罹病組織の中で越冬し，翌春の第一次伝染源となる。一般の植物病原細菌は，環境の悪化にも耐えられる耐久器官（内生胞子）を形成しないため繁殖形態のままで越冬する。

3．3　ウイルスによる病気

植木と草花の病原体になるウイルスには，多くの種類がある。そのなかで広範囲の植木・草花に被害をもたらすウイルスとして代表的なものには，キュウリモザイクウイルスとタバコモザイクウイルスがある。

3．3．1　種類と主な病気

① キュウリモザイクウイルス（CMV）

このウイルスは，200種以上の植物に病気を起こすことが知られている。

アブラムシによる媒介でキュウリモザイクウイルスに感染する植木には，サクラ・ジンチョウゲ・キョウチクトウ・ナンテン・アジサイなどが知られている。草花では大部分の品種が感染するが，被害の多いものとしてガーベラ・カスミソウ・キンギョソウ・サルビア・リンドウ・球根類などがある。

② タバコモザイクウイルス（TMV）

キュウリモザイクウイルスのように多くの植物に感染するものではないが，接触伝染によって，植木ではジンチョウゲ・モクセイ・ウツギなどが感染し，草花ではカトレア・ペチュニア・ジニア・ガーベラなどが感染するが，特に，草花のなかではカトレアが感染しやすい。

③ その他

日本芝に被害をもたらすウイルスとしては，ゾイシアモザイクウイルスがある。

3．3．2　病　　徴

植物がウイルスに感染すると全身に病気が起こるが，葉・花・果実などの部位によって様々な病徴が現れる。一般的な病徴としては，モザイク症状，生育抑制，葉や花の変形などがある。

a．全身病徴

生育の抑制や萎縮が起こる。

b．局部病徴

① 葉：葉では，緑色の濃淡が部分的に変わり，モザイク状や斑紋になる。葉の組織の一部が死ぬため，斑点ができたり変形したりする。

② 花：花では，小形になったり奇形になる。色も部分的に変わり斑入りとなる。

③ 枝・幹：樹木の枝や幹に凹凸ができて，生育が悪くなる。

④ 根：褐変など色の変化や形の変化が起こる。

3．3．3 伝 染 法

ウイルスは自分自身で植物に侵入できないので，病気にかかった植物のウイルスがほかの健全な植物に伝染するには，次のような方法で行われる。

① 昆虫などの生物の媒介によって伝染する場合

ウイルスを媒介する生物としては，アブラムシ・ヨコバイ・センチュウなどがある。なかでもアブラムシによるものが最も多い。

② 種子などの繁殖体によって伝染する場合

ウイルスが種子・球根・挿し木などの中に入って次世代の植物体に伝染する。

③ 罹病植物と接触することによって伝染する場合

ウイルスに感染した草花の汁液を通して，ほかの健全な草花に触れることによって起こる伝染や，接木をする際にウイルスに感染した台木を使うことによって起こる伝染などがある。

第4節 病気の診断と防除

緑化植物の病気を防除するには，まず病気の症状を注意深く観察し，原因となる病原体の種類などを調査し，病気を正しく診断することが最も重要となる。これは，植物の病気の種類によって防除する方法，特に，化学的防除による場合は使用する殺菌剤が病気の種類によって防除効果が異なるので，的確に診断することが必要になる。間違った病気の診断を行うと適切な防除ができないばかりでなく，植物を弱らせたり，枯死させたりすることにもなりかねない。

植物の病気は，潜伏期間中（病原体が植物に付着してから発病するまでの間）には病徴を見ることができないので，診断や防除に手間取ると病気が拡大してしまう。

葉・花・実の病気には，病気のまん延を防ぐために急いで防除する必要のあるものが多い。しかし，病気の発生の時期が過ぎていて，次の発生までに長い期間があるものや，てんぐ巣病のように冬の間に切除すればよいものもある。したがって，防除する場合には，防除時期についてよく調べて無駄のない防除をする。

4．1　病気の診断法と防除法

緑化植物の病気を防除する方法は多く，それぞれの病気に最も有効な防除法を選択して防除を行うことが大切である。

4．1．1　診　　断

菌類・細菌・ウイルスなどの病原体は，微細なため肉眼では見ることができないので，現場での診断は病徴を観察することによって行う。

植物の病気で，こぶ病のように一見して明らかな病徴は発見と診断は容易であるが，多くの病気は葉などに病斑をつくり，その形や色の似ているものが多いので診断が難しい。このような場合は，標本（病気にかかった植物）を採取して持ち帰り，図鑑などの参考資料を活用し，病気を確認する。

また，病気の初期で病斑がまだ明らかでないものは，葉などの被害部分をポリ袋（袋の中には水をしみ込ませた綿を入れて口を閉じる。）に入れて室内に置き，病気が進行して病斑が明らかになるのを待つ。そして，病斑の形成後に，20～30倍程度のルーペ（拡大鏡）を使って観察する。

このように病徴を見て診断できることも多いが，より確かな診断をするために罹病植物（りびょうしょくぶつ）を解剖して観察したり，顕微鏡を使って標徴内の病原体を見ることが必要になる場合もある。さらに，罹病植物から病原体を取り出し，健全な植物に接種して病原性を確かめることもある。これらは高度な専門的知識を必要とするので，診断が容易でない場合は，都道府県の病害虫防除所・農業試験場，グリーン研究所などの専門家の指導を受ける。

4．1．2　防　除　法

植物の病気の防除法には，主として物理学的防除法，耕種的防除法，化学的防除法，生物的防除法などがある。

最近では環境問題などの観点から，殺菌剤の使用を少なくするために物理的防除法や生物的防除法の研究も進められているが，庭園などに使える技術は実用化されていないのが現状である。

(1) 物理的防除法

熱や光などを利用して病気を防除する方法である。

① 熱による殺菌：太陽光線で施設内の温度を高くすることによる消毒，熱による種子消毒・ウイルスの不活性化など。

② 光による防除：紫外線を通さないフィルムの利用（灰色カビ病菌の胞子をつくらせない）など。

(2) 耕種的防除法

病気の発生した葉や枝の除去，落葉の除去など日常の管理作業によって伝染源を取り除き，病気の発生を少なくする。

1）庭園などの例

① 落葉の清掃や罹病した葉・枝などの除去

② 花がらの摘み取り

③ 剪定・整枝・芝刈りによる通風や日光の透過性の向上

④ 土壌の排水対策による過湿防止

2）農耕地の例

① 栽培法（植え付け時期の調整による発病の回避など）

② 抵抗性品種の利用

(3) 化学的防除法

殺菌剤を使用する化学的防除法が最も的確な効果を示す。しかし，殺菌剤は，すべての病原体に効果があるのではなく，一部の薬剤が細菌に対して効果を示すほかは，菌類に効果のあるものが大部分を占めている（→p.62，表3－3参照）。また，菌類に対しても殺菌剤の種類によっては殺菌作用が異なるので，殺菌剤の選別に当たっては商品のラベルに表示されている適要や使用基準，注意事項を十分に理解する必要がある。

また，灰色カビ病菌のように，同系統の殺菌剤を連続使用した場合，その薬剤に対して抵抗性を増し，通常の薬剤濃度では防除できない病原体（耐性菌（たいせいきん）という）が出現するなどの問題がある。

① 殺菌剤による防除：茎葉病害，土壌病害の防除など。

② 殺虫剤による媒介昆虫の防除：ウイルスを伝播するアブラムシの防除など。

これらの農薬は現在，使用基準が設定され，安全性が確認されている薬剤で農薬として農林水産省に登録のあるもののみが農薬として販売されている。しかし，農薬登録のあるもの以外の薬剤はたとえ殺菌効果があっても農薬とはいわず区別している。

（4）　生物的防除法

ある種のウイルス病や土壌伝染病に対して，それぞれに特定のウイルスや微生物を使った防除が行われている。

①　拮抗（きっこう）微生物の利用：バラの根頭がんしゅ病の防除。

②　弱毒（じゃくどく）ウイルスの利用：野菜栽培のウイルス病に対する被害の防止。

緑化植物の主要な病気について，正しく診断し，より的確に防除するための説明を参考資料2に示すので，病気の診断・防除に活用されたい。

4．2　植木の病害防除

4．2．1　調　　査

植木に発生する病気の調査は，次のように行う。

1）樹木の種類を調べる。

広葉樹と針葉樹の違いや樹種によって発生する病気の異なることが多いので，病気が発生していたら，まず植木の樹種名を正確に調べ記録する。

2）植木の部位ごとに特徴が違うので，葉，枝，花，実，根などに分け，図3－10のよう

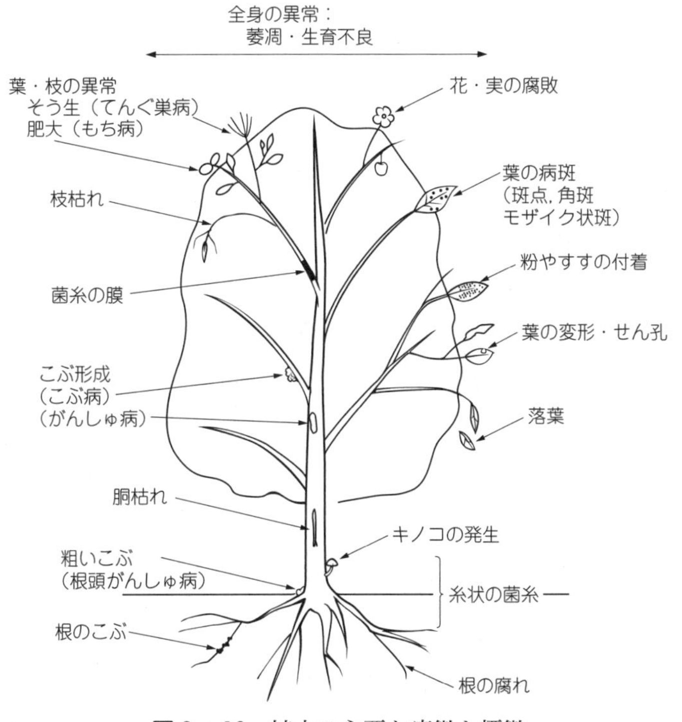

図3－10　植木の主要な病徴と標徴

な病徴を調査する。

部位ごとの見方は次のような点に注意する。

① 葉・花・実の色と形の変化（汚れや斑点など）を調べる。

② 枝の形が異常かどうかを調べる。

③ 枝と幹の肌が異常かどうかを調べる。

④ 剪定の跡や食害の跡に，枯れ，変色，病原菌による小斑点があるかを調べる。

⑤ 幹の地面に近い部分から根にかけて，異常かどうかを調べる。

⑥ 全身に萎凋（しおれ）があれば，根を調べる。

植木の病気は，樹木の種類や発生部位，発生条件（時期など）によって形や色が変わることがあるので，病気を正しく診断し，防除法を検討して防除する。

4．2．2 病気の種類

樹木の病害は広葉樹だけでも2000種類以上の報告がある。そのなかで緑化植物に発生することのある病気を列記する。

（1） うどんこ病

葉，緑枝，つぼみなどにうどん粉をまぶしたような症状が出る。一般にサルスベリでよく見かける。また，ハナミズキ・モクレンなどはあまり白くならない。病斑がカナメモチでは赤紫色になり，コデマリでは灰紫色になるものもある。

カシ・ナラ類で紫カビ病，クワで表うどんこ病，コブシ・クリで裏うどんこ病と呼んでいる。

罹病すると病葉や病枝は縮みやねじれが生じ，つぼみに発生すると開花不良となる。

うどんこ病菌は子のう菌類の一種で，病原菌は種類が極めて多く，広範囲の樹種で発生するものもあれば，狭い範囲の樹種にしか発生しないものもある。

落葉した病葉上の菌体が発生源となったり，越冬芽に菌糸の状態で潜伏している場合もあるので，発生を見たら早期に罹病部を除去し，薬剤による防除が必要である。

（2） す す 病

樹木の表面が黒色のすす状のカビで覆われ，樹勢を衰えさせるだけでなく美観が著しく損なわれる。

病原菌は子のう菌類の一種で，菌糸の生育期には胞子が雨や風によって伝播されるが，病原菌の生態から２つに大別できる。

① アブラムシやカイガラムシの排せつ物や分泌物，葉に付着したほこりや有機物を栄養源として繁殖するもので，コブシすす病・サザンカすす病・サカキすす病・シイノ

キすす病・ナラすす病などがある。

② 葉の組織内にも侵入し，直接作物から栄養分を摂取するもので，アオキ星型すす病・ウメモドキすす病・クチナシすす病・サンゴジュすす病・シイノキ星型すす病・シャリンバイすす病・ヤツデすす病・ネズミモチすす病などがある。

防除法はアブラムシやカイガラムシの防除が基本であるが，②のような場合もあるので剪定などで風通しをよくする工夫も必要である。

（3） こうやく病

病名は菌糸の膜が樹木の枝や幹に厚く覆うので，こうやく（膏薬）病と呼ばれている。本病にかかると樹勢は次第に衰弱し，やがて枯れる。

病原菌は担子菌類の一種で，この病気は病原菌が樹木に寄生しているカイガラムシの体内に侵入して栄養分を摂取したり，カイガラムシの排せつ物を栄養源として生活を始める。やがて，菌糸膜が発達すると直接樹木からも栄養分を取り成長する。

カイガラムシの防除が基本であるが，剪定で風通しをよくする工夫も必要である。

（4） 根頭がんしゅ病

幹の地際部，根のつけ根にこぶ（がん腫）ができる。接木ではその接合部に発生しやすい。乳白色から淡褐色の小さなこぶが次第に大きくなり，褐色で球状の固いこぶになる。

サクラ・ボケ・ウメ・カナメモチ・カイドウなどのバラ科に多く発生し，カエデ類・カシ類・キョウチクトウ・フジなどにも発生する。

病原菌は細菌の一種で切り口から感染する。

発病した株や根は残渣が残らないように除去し，その跡地には本病にかかりにくい樹種を選ぶ必要がある。

（5） 胴枯れ，枝枯れ性の病害

樹木の樹皮を侵す病害で，胴枯れや枝枯れを起こす。

① カエデ類，サクラ，ナラ・カシ類，ケヤキなどの紅粒がんしゅ病

② エノキ，カンバ類などの黒粒がんしゅ病

そのほかカエデ胴枯病・キリ胴枯病・腐乱病・クリ胴枯病・サクラ胴枯病・スギ黒色枝枯病・マツ皮目枝枯病などがある。

病原菌は子のう菌類の一種で，伝播は5月～10月と長期にわたり，樹木の樹勢が衰えたときにまん延する。

病気を予防するためには，剪定の切り口に殺菌剤を塗布すると同時に，排水の改良，適正な施肥，病枝の除去などに注意を払う必要がある。

（6） 材質腐朽病（→病－15）

菌類によって図3－11のように枝・幹・根が腐敗する病気をいう。

カエデ類，サクラ，カシ類，ケヤキ，タイサンボク，スズカケノキ類などに発生しやすく，幹や太枝が折れて，人・車・建築物などに被害を与えることがある。

病原菌の多くはサルノコシカケの一種で成木の剪定跡，樹皮の傷などから病原菌が侵入する。ベッコウタケ病やナラタケ病などは根の切断面からも侵入することができる土壌伝染性の高い病気で，被害が大きくなると樹木は急速に枯れるので注意が必要である。

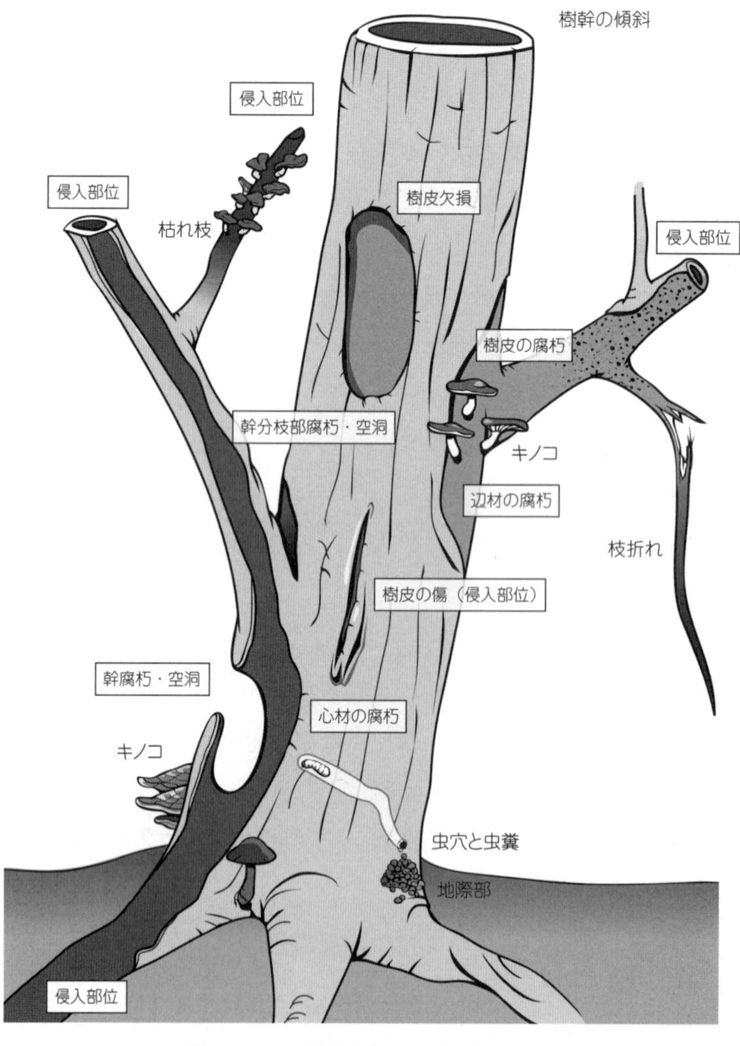

図3－11 材質腐朽病の加害部位と様式

材質腐朽病は，ナラタケ病・コフキタケ病・カワラタケ病（以上３種，→病－15）・ベッコウタケ病など，キノコの種類によって被害の症状やキノコの形状は異なるが，樹勢の維持や発生源の撲滅のために，発生を見たら早期に患部を完全に除去し，殺菌剤で消毒をする。

サクラ，カエデ類，カシ類，ケヤキなどは傷跡から病原菌が侵入しやすいので，樹皮を傷つけないように注意が必要である。剪定後は必ず殺菌剤を塗布し，感染を防止する。

本病の診断は樹木の外観観察だけでなく，木づち打診音の異常，不自然な樹幹の傾斜，根元の揺らぎ，樹幹地際部の異常，病害虫（特にせん孔性害虫）の有無などの確認が必要である。

（７）　輪紋葉枯病

５月ごろから葉に褐色の輪紋状の斑点が発生し，雨が多いと病斑は拡大してお互いが重なり合うようになり，葉枯れを起こす。

本病にかかる樹種は多いが，サザンカ・ツバキ・ミズキ類・マメザクラ・ウメモドキ・アベリアなどは特に弱く，発病すると落葉する。

本病は菌類で，病斑上に発生するキノコ状の菌体が伝染源になる。春先から夏にかけて発生が多い。

（８）　マツこぶ病（→病－36）

マツ類の枝や幹に大小様々な大きさのこぶをつくる。夏から秋にかけて２年枝に発生し拡大していく。

病原菌は担子菌の一種（さび病など）で，アカマツ・クロマツなどのマツ類とコナラ・クヌギなどのナラ・カシ類の間を行き来して広がっていく。すなわち，４月～５月にマツのこぶに亀裂が生じ，黄色いさび病の胞子が飛散する。その黄色い胞子がマツの周辺に生えているナラ・カシ類に感染し，毛さび病が発生する。その後，毛さび病は９月～10月に冬胞子をつくり，マツの当年成長した枝に付着し，侵入してマツこぶ病が発生する。このため，マツだけでは感染を繰り返せない。

（９）　てんぐ巣病

桜の名所，特に染井吉野の多い地域ではほとんどの樹で発生している。名所を維持するためには必ず防除の必要な病気である。

枝の付け根がこぶ状に膨らみ，その上部にほうきの先のように小枝が伸び，小鳥の巣のようになる。

４月中旬から５月上旬に病枝の葉が縮れて褐変し，葉の裏に白い粉状の菌体ができ，胞子が飛散して伝播する。

この病原菌は子のう菌類の一種でサクラにのみてんぐ巣症状を起こす。

防除は菌体を生じる前にほうき状の基部の下から切除することが必要であるが，サクラは剪定するとサクラ胴枯病にかかりやすいので，切り口は殺菌剤を必ず塗布する。

(10) ごま色斑点病

本病は，ベニカナメ・シャリンバイ・セイヨウサンザシ（赤花系）・クワ・マルメロなどのバラ科ナシ亜科に属する樹木に特異的に発生する。

葉・新梢・果実に発生し，葉では小円斑を多数生じ，病斑の周辺は紫紅色に縁取られる。

発病は当年葉が展開する３月下旬から４月に見られ，翌年，新葉の展開を待って一斉に落葉する。葉は年間を通して少なくなるので樹勢は極端に衰える。

病原菌は不完全菌類の一種で，秋に形成された胞子は落葉などの病斑上で越冬し，春に伝染源となる。

防除は病葉や病枝を早期に除去し，発病早期に薬剤を数回散布する。

(11) ツツジ褐斑病

５月以降で葉に暗褐色で葉脈に区切られた明確な３～５mmの角斑が多数でき，黄化・落葉する。特にオオムラサキに発生が多い。

病原菌は不完全菌類の一種で，病斑上に胞子をつくり越冬し，新葉が展開すると飛散して伝播する。

病葉や落葉は必ず取り除く。

(12) アジサイの炭そ病

６月ごろ，葉・緑色茎枝・花（がく片）に発生する。葉では淡褐色水浸状小点をつくり，やがて径２～５mmの灰褐色・周縁紫褐色のやや陥没した小斑がたくさんできる。

発生が多いと黄化して落葉する。

病原菌は炭そ病菌で多くの樹木や草本に伝播する。

4．3 芝草の病害防除

4．3．1 調　　査

芝生地で栽培されている芝草は，独立の個体としてではなく，集団として多くの個体が群がった状態で生育している。そのため，芝草の病徴は，パッチ（円形などの広がり）として現れることが多い。

その症状が病気の種類ごとに特徴があるので，診断のための重要なポイントとなる。また，病名には，パッチ・リングスポットなど芝生上の色や形を示す用語が用いられている。

芝草の病気を診断する方法には，茎葉部の枯れた様子や発生時期を参考にするが，正確には，顕微鏡による検査が必要である。したがって，参考資料で調べても分からない場合は，都道府県の病害虫防除所や農業試験場，グリーン研究所などの専門家の指導を受ける。

4．3．2　病気の種類

庭園などでの日本芝を枯らす病気のなかで，最も重要なものは葉腐病（ラージパッチ）(→病−49）であり，北海道を除く全国で発生している。そのほか，庭園・公園などのレクリエーション用の芝生で発生するさび病（→病−50）は，黄色い胞子が利用者の衣服に付着して広がるため，防除が必要な病気である。

ほぼ全国的に芝草に被害をもたらす主要な病気は，表3−2のようなものである。

表3−2　芝草の主要な病害

日本芝に発生する病害	西洋芝に発生する病害
擬似葉腐病（春はげ病）	赤焼病（綿腐病（わたぐされびょう））
葉腐病（ラージパッチ）	ピシウム病
さび病	葉腐病（ブラウンパッチ）
カーブラリア葉枯病（犬の足跡）	擬似葉腐病（ウインターブラウンパッチ）
フェアリーリング病	ダラースポット病
ダラースポット病	炭そ病
	フェアリーリング病
	立枯病（テイクオールパッチ）

4．3．3　主要な病気の生態と防除

(1)　葉腐病（ラージパッチ）

葉腐病（ラージパッチ）は日本芝では最も被害の大きい病気であり，土の中にいる病原菌が芝草を侵す土壌病害と呼ばれるものの1つである。葉腐病（ラージパッチ）の病原菌は，気温が20℃程度の春と秋に活動して，夏と冬には休止する。

春の病徴は，芝生の部分的な萌芽不良で始まり，やがてその部分が赤褐色又は茶褐色になって枯れ，大きな円形のパッチに広がる。罹病部の芝草の茎は根元から容易に引き抜ける。夏には緑色が回復する。秋に新しく発生した場合は，春の発生のように激しい病徴を示さないで，冬になると春まで活動を休止する。

葉腐病（ラージパッチ）の防除は，図3−12のように，病原菌が活動を開始する時期に殺菌剤を散布して，被害の発生と拡大を防ぐ。散布する範囲は，病徴が出ている円形の部分だけではなく，枯れた部分の外側にも散布する必要がある。これは病原菌がまだ枯れていない周囲の芝草に侵入しているためである。

発生を予防するには，土の排水をよくすることが最も必要である。

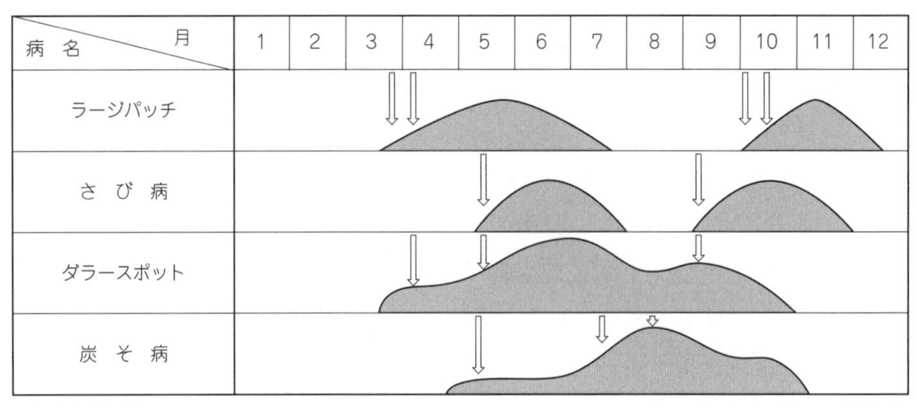

図３－12 季節的な発生時期と殺菌剤の散布適期

（２） さ び 病

さび病菌は，前年の被害葉の上で越冬して，春の気温が17～20℃になると活動を始める。春と秋に発生するが夏は休止する。湿度が高いと病気の発生が多くなる。

芝草の葉の上に黄褐色又は赤褐色の粉状の胞子層が現れ，やがて胞子が飛散してほかの健全な葉に移り，病気がまん延する。

防除の時期は，図３－12のように，春と秋の病気が発生を始めるころで，病気が広がる前に殺菌剤を散布する。耕種的防除としては，チッ素質肥料の多用を避けるとともに，カリ質肥料を十分に与える。また，風通しをよくして，葉の表面に水滴が長時間残らないようにして病原菌の侵入を少なくする。

（３） ダラースポット病

ダラースポットはベントグラスやブルーグラスなどに発生する病気であるが最近は日本シバにも発生が見られるようになった。

ダラースポットは気温が15℃前後になる早春から晩秋まで発病する。

パッチは５cm前後の円形で淡黄色であり，古くなると褐色に変わる。

木陰で風通しが悪く，露が長く残る場所で発生しやすく，真夏でも病気は進行する。また，チッ素肥料が不足すると発生しやすい。防除時期は発病が見え始める５月上旬と９月上旬の薬剤散布が望ましい。毎年発生する場所では発病前の薬剤散布が効果的である。

（４） 炭 そ 病

炭そ病はベントグラスやブルーグラスに発生するが，フェスク類などにも発病が見られる。芝草の葉に発生する病気で４月～10月にかけて多発するので注意が必要である。

低温時のパッチは黄色で，気温が高い夏になると褐色から赤褐色に変わる直径5～50cmの円形であるが，このパッチが重なりあうと不整形を呈する。また，パッチの縁が不鮮明になるので他の病害と区別がつけやすい。

チッ素肥料の不足や過度の散水は発病を促すので避け，炭そ病の多発する7月～8月には薬剤散布が望ましい。

4．4　草花の病害防除

草花は病気に侵されやすいものであるが，季節ごとに植え替えをする花壇では，開花する前の丈夫な苗を使って植えるため，発生する病気の種類と被害は少ない。しかし，梅雨のころや雨が続く時期には病気の発生が多くなるので注意しなければならない。

病気の発生を予防するために，土壌改良材によって排水や通気をよくしたり，病気に強い品種を選ぶことも大切である。

草花の花壇に発生する病気のなかで，特に発生することが多い灰色カビ病とうどんこ病の生態と防除法は，次のとおりである。

（1）　灰色カビ病

花壇の草花で最も発生の多い病気は，菌類による灰色カビ病である。

病徴は，花・葉・茎などに水浸状の斑点が現れ，やがて拡大し，茶褐色の病斑となり，その部分から灰色カビ病の菌糸や胞子が多数現れて，ほかの健全な部分に広がる。

灰色カビ病は湿度が高いときに多く発生する。また，灰色カビ病は枯れた花弁や葉から栄養を取る性質を持っているので，開花を終えた花をそのままにしておくと発生が多くなる。咲き終わった花を摘む作業が，灰色カビ病の予防に有効である。

防除は，発生の初期に有効な殺菌剤を散布する。防除時期が早ければ，病気のまん延を止めたり予防することが容易であるが，手遅れになると灰色カビ病の胞子が拡散するので，繰り返し防除を行わなければならない。

（2）　うどんこ病

秋の花として人気のあるコスモスは，うどんこ病の発生が多い。コスモスの葉に白い粉をふりかけたような症状になり，激発すると葉が枯れることもある。

うどんこ病は，比較的気温が高く（28℃程度），乾燥したときに発病が多くなるので，梅雨期を過ぎてから発生が見られ，初秋になると被害が目立つようになる。

密植による日照不足や風通しの不良が発生の原因となるので注意する。防除は，うどんこ病の発生前か発生初期に，有効な殺菌剤を散布する。

4．5　殺菌剤の使い方

4．5．1　殺菌剤の選び方

殺菌剤にはたくさんの種類があるが，表３－３のように菌類による病気に有効な殺菌剤は病気の種類ごとに多くあり，細菌による病気に有効な薬剤は少ない。

殺菌剤を購入するときには，あらかじめ植物の名前（植木であれば樹種）と病名を確かめておき，農薬販売店などで相談して農薬登録のある薬剤を選び，ラベルの内容を確認する。

表３－３　病原体と殺菌剤の関係

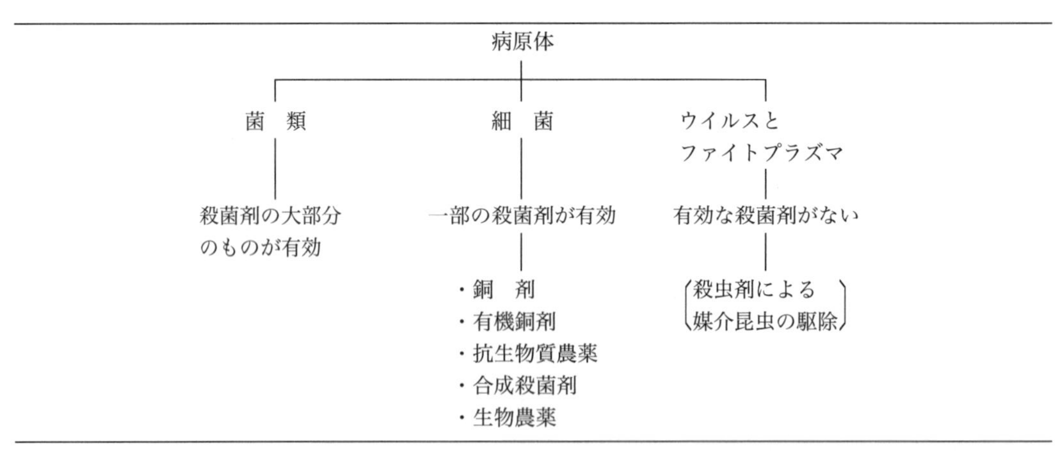

4．5．2　殺菌剤の使い方

殺菌剤の使い方は，病気の種類によって違いがある。殺菌剤の効果を十分に発揮させるために様々な処理法が工夫されており，主な処理法について例をあげると表３－４及び図３－13のとおりである。

表３－４　殺菌剤の処理法（例）

処　理　法	説　　　明
茎葉散布	茎葉の病害を防除するため，乳剤・水和剤などを水で薄めてから，噴霧器で茎葉に散布する方法やエアゾールやAL剤を作物に直接散布する方法などがある。
土壌処理	土壌病害を防ぐために粒剤を土壌面に散布し，土壌表層の病原体を防除する方法。
土壌混和	粒剤・粉剤を土壌表面に散布したのち，土と混和し，土壌中に均一に拡散して土壌中の病原体を防除する方法。
土壌灌注	乳剤・水和剤などを大量の水（２～３ℓ/m^2）で薄めてから土壌表面に流して土壌中にしみ込ませ，土壌中の病原体を防除する方法。

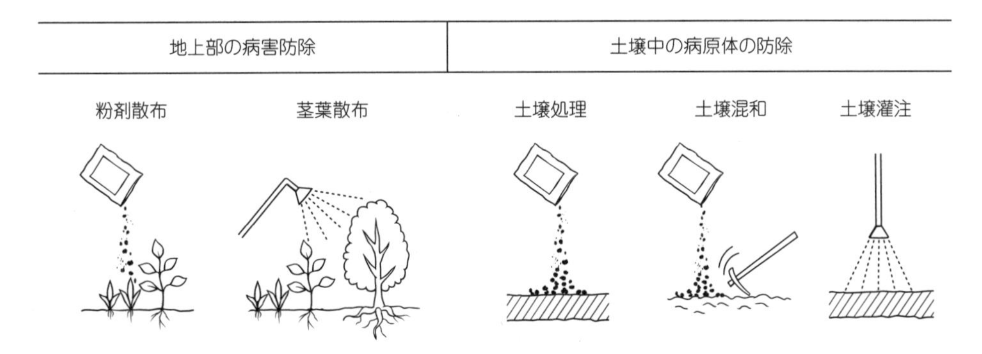

図３－13　殺菌剤の処理法

４．５．３　殺菌剤の使用上の注意

（１）　茎葉散布剤の使い方

植物の病気は茎葉に発生するものが多いため，散布法としては茎葉散布が主体となる。これは乳剤・水和剤などを水で薄めてから噴霧器で散布する方法であるが，特に次の点に注意する。

①　散布液は，細かい霧状にして，茎葉の全面に均一に付着するよう散布する。

　その理由は害虫と違って病原菌の存在を目で見ることができないことと，病原菌自身で移動しないからである。

②　菌類や細菌は，葉の気孔から侵入することが多いので，気孔がある葉の裏に薬液が付着するように散布する。

　また，庭など小面積に栽培されている緑化植物にはエアゾールやAL剤を患部及びその周辺に直接散布する方法がある。

（２）　土壌消毒剤の使い方

土壌病害の防除に使用する殺菌剤には，水に溶けて土の中を移動する土壌混和剤や土壌灌注剤（かんちゅうざい）がある。

（３）　散布時の安全対策

散布作業の詳細については，第２章第４節の注意事項を参照すること。

学習のまとめ

［病気の発生としくみ］

・植物の病気とは，植物が何らかの原因で正常な生育が妨げられ，植物本来の機能を損ない，しおれたり葉が枯れるなど様々な症状を示す現象をいう。

・病気が発生する原因には3つの要因がある。

　① 病気を起こす病原体（主因）

　② 病気にかかりやすい性質（素因）

　③ 発病を誘発する環境（誘因）

注）植物が発病するのは，①・②・③のうち，少なくとも2つ以上の要因が重なるときである。

・病原体とは，直接病気の原因となるものをいう（例えば，菌類・細菌・ウイルスなど）。

・病気の種類は，伝染性と非伝染性に大別される。

・伝染性の病気の主な原因となるもの…菌類・細菌・ウイルス・ファイトプラズマ・センチュウなど。

・非伝染性の病気の主な原因となるもの…土壌条件の不良・気象条件の不良・環境汚染物質の影響・管理作業の不良など。

・病気に侵された植物に病原体がたくさん増殖し，病気が広がる源となるものを伝染源という。

・伝染源から健全な植物に病原体が広がることを分散といい，分散の結果，新しい病気が起こることを伝染（伝播・伝搬ともいう）という。

・伝染源から健全な植物に広がるときの伝染の仕方には，

　① 風媒伝染（空気伝染）

　② 水媒伝染（雨媒伝染）

　③ 虫媒伝染（昆虫伝染）

　④ 接触伝染

　⑤ 土壌伝染

　⑥ 種子伝染

がある。

・病徴とは，病原体が植物に侵入し，植物が病気になると葉や茎や花弁などに斑点

ができたり，又は全身に色や形態の変化が起こる。このような病気による植物の異常な変化をいう。

・標徴とは，病徴のなかで，うどんこ病やさび病のように菌糸や胞子そのものが植物体の表面に現れ，肉眼で観察できる特徴をいう。

・病名は病徴や標徴で命名される。

[病原体の種類と特徴]

・菌類は，一般には「カビ」「糸状菌」と呼ばれている。極めて小さいため，顕微鏡を使わないと見ることができない。

① 菌類の胞子は風で運ばれて植物の葉などに付着すると，植物に侵入するための細胞（発芽管という）を伸ばして植物の気孔から侵入したり，表皮のクチクラ（角皮）を貫通して侵入し，内部で栄養を取りながら成長して病気を起こす。

② 菌類で緑化植物の病気として発生が多いものは，担子菌類・子のう菌類・不完全菌類である。

③ 菌類による病気には，病徴と繁殖体による標徴がある。

・細菌はバクテリアとも呼ばれるもので，顕微鏡を使わないと見ることができない。

① 植物の病原体として注意が必要な細菌には，分類学上4つの属のもの（シュードモナス属・キサントモナス属・アグロバクテリウム属・エルビニア属）がある。そのなかで，草花の病原細菌には，シュードモナス属細菌によるものが最も多い。植木ではアグロバクテリウム属細菌によるものが多い。

② 細菌は植物の表皮のクチクラ（角皮）を貫通することができないので，植物の気孔，水孔など開口部を通って侵入したり，昆虫の食害や風などによってできた傷口や剪定（樹木などの枝を切り整え，開花・結実などをよくすること）の切断面などから侵入する。

・ウイルスは，生物として取り扱われているが，その本体は細胞ではなく，核酸とタンパク質からできている粒子である。生きた細胞の中でのみ増殖することができる。

① ウイルスは自分自身で植物に侵入できないので，病汁液の接触や罹病植物の接木，昆虫などの媒介によって伝染する。

② 植物が感染する代表的なウイルスには，キュウリモザイクウイルス・タバコモザイクウイルスがある。

［病気の診断と防除］

・植物の病気を防除する方法には次のものがある。

①　物理的防除法

②　耕種的防除法

③　化学的防除法

④　生物的防除法

・植物の病気の診断とは，植物の病気の種類を決めることである。

・病気の診断は，病気の症状（病徴）を観察することによって行う。診断が難しいときは標本を採取し，図鑑などを活用し，病気を確認する。病斑の観察には，20～30倍程度のルーペ（拡大鏡）を使って観察する。

・参考資料で調べても何の病気か分からない場合は，都道府県の病害虫防除所や農業試験場，グリーン研究所などの指導を受ける。

・植物の主な病気の診断法を理解して確認すること。

・植木に発生する病気の調査は，まず植木の種類（広葉樹・針葉樹，樹種）を調べ，次に植木の部位（葉・枝・花・実・根など）ごとに異常の有無を調べる。

・植木の主な病気は次のように分けることができる。

菌類（カビ）によって発生する病気

子のう菌類：うどんこ病・すす病・胴枯れ・枝枯れ性病害，てんぐ巣病

担子菌類　：こうやく病・マツこぶ病

不完全菌類：ごま色斑点病・ツツジ褐斑病・アジサイ炭そ病

その他　　：輪紋葉枯病

材質腐朽菌による病害（キノコ）

サルノコシカケ病・ベッコウタケ病・ナラタケ病・コフキタケ病・カワラタケ病

細菌によって発生する病害

根頭がんしゅ病

・樹木は病原菌の種類によって感受性が異なり，侵されやすい樹種をよく知り，緑地では樹木を保護する必要がある。例えば，サクラの品種で染井吉野はサクラてんぐ巣病に極めてかかりやすく，激発するとサクラは枯死に至る。薬剤防除だけでは防げず，発生を見たら患部を切除する必要がある。この場合，切り口から胴枯れ性病害にかかることがしばしば生じるので，殺菌剤を切り口に塗布することを怠っては

いけない。

・植木の病気の防除は，原則的には植木の病気の診断結果に基づいて，すぐに防除法を検討し防除する。ただし，防除する場合は，防除時期についてよく調べて，無駄のない防除をすること。

・芝草の病徴は，円形などの症状として現れることが多い。その症状が病気の種類ごとに特徴があるので，診断のための重要なポイントとなる。

・芝草の病気を診断する方法には，茎葉部の枯れた様子や発生時期を参考にしたりするが，正確に決めるには，顕微鏡による検査が必要である。

・日本芝を枯らす病気のなかで，最も注意しなければならないものは葉腐病（ラージパッチ）である。

・草花の病気の発生を予防するには，排水や通気をよくしたり，病気に強い品種を選ぶことである。

・草花の花壇で発生する病気で，特に多いのが灰色カビ病とうどんこ病である。

・殺菌剤を購入するときは，あらかじめ植物の名前（植木であれば樹種）と病名を確かめておき，農薬販売店などで相談して農薬登録のある薬剤を選び，ラベルの内容を確認する。

・病原体と殺菌剤の関係は，菌類は殺菌剤の大部分のものが有効である。細菌は一部の殺菌剤が有効であるが，ウイルスとファイトプラズマには有効な殺菌剤はない。

・殺菌剤の効果を十分に発揮するための処理方法として，次の方法がある。

①　茎葉散布

②　土壌処理

③　土壌混和

④　土壌灌注

・殺菌剤の散布方法としては，茎葉散布が主体となる。これは乳剤・水和剤などを水で薄めてから，噴霧器で散布する方法である。

・土壌病害の防除に使用する殺菌剤は，水に溶けて土の中を移動する土壌混和剤や土壌灌注剤がある。

第4章
害虫の種類と特徴

庭園などの緑化植物に被害をもたらす動物には様々なものがある。特に昆虫類による被害が圧倒的に多いが，そのほかにクモ類のハダニ，センチュウ類のマツノザイセンチュウ，甲殻類（こうかくるい）のダンゴムシ，軟体（なんたい）動物のナメクジ・カタツムリなども大きな被害をもたらすことがある。

また，有害鳥獣類では，芝生地や花壇を荒らすイノシシ・モグラ・野ネズミなどの獣，植木の花芽や果実を食害するスズメ・カラス・ムクドリなどの野鳥による被害も発生する。

この章では，緑化植物を加害する動物のうち，昆虫類・ハダニ類・センチュウ類・ダンゴムシ・ナメクジ・カタツムリを害虫として取り上げ説明する。

学習のねらい

1．害虫の種類と形態的特徴を学ぶ。
2．害虫の加害様式を学ぶ。
3．害虫の生態的特徴を学ぶ。
4．害虫を防除する目的を学ぶ。
5．主要な防除方法を学ぶ。
6．主要な害虫について生態と防除法を学ぶ。

第1節　害虫の種類

1．1　害虫の分類

害虫を分類する方法には，動物分類学上の分類と害虫を診断するために用いられる加害様式による分類などがある。

（1）　動物分類学上の位置

緑化植物を加害する害虫には，昆虫類・ダニ類・甲殻類・センチュウ類・腹足類などがあり，主要な害虫の動物分類学上の位置と加害様式との関係は，表4－1のようになる。

この表中で，緑化植物を加害することの多い害虫は，節足動物門の昆虫綱のチョウ目など7種類と，クモ綱のダニ目や線形動物門のセンチュウ類である。そのほかに，節足動物門の甲殻綱のダンゴムシ，軟体動物門の腹足綱のナメクジがある。

動物は，分類階級の大きなものから門・綱・目・科・属・種などに分類される。害虫防除では，これらのうちの綱（例：昆虫綱）と目（例：チョウ目）によって大別し，一般に科（例：ドクガ科）と種（例：チャドクガ種）を用いている。チャドクガの分類学上の学名は，*Euproctis pseudoconspersa*と呼ぶ。

表4－1　主要な害虫の動物分類学上の位置と加害様式

分類名			主要害虫名	加害様式
節足動物門	昆虫綱	チョウ目	チョウやガの幼虫（ケムシ，イモムシ，アオムシなど）	…食　害
		コウチュウ目	コガネムシ，ハムシ	…食　害
		ハチ目	ハバチ，クキバチ	…食　害
		ハエ目	タマバエ，ハモグリバエ	…食　害
		カメムシ目	アブラムシ，カイガラムシ，グンバイムシ	…吸汁害
		バッタ目	バッタ，コオロギ	…食　害
		アザミウマ目	アザミウマ	…吸汁害
	クモ綱	ダニ目	ハダニ	…吸汁害
	甲殻綱	ワラジムシ（等脚）目	ダンゴムシ	…食　害
軟体動物門	腹足綱	マイマイ目	ナメクジ，カタツムリ	…食　害
線形動物門	幻器綱	ハリセンチュウ目	ネコブセンチュウ，マツノザイセンチュウ	…吸汁害
	尾腺綱	ニセハリセンチュウ目	オオハリセンチュウ，ユミハリセンチュウ	…吸汁害

（注）害虫名は簡略化するため俗称を用いた。

（2）　加害様式による分類

加害様式とは，害虫が植物を加害する仕方をいう。加害様式の違いは口器の形の違いによって決まる。その口器の形は，えさを食べる習慣によって様々に発達しているが，大別すれば図４－１のバッタの口器のように草花の葉などを食べる咀嚼（そしゃく）性口器とカメムシの口器のように樹木の幹や葉などに針を刺して汁液を吸う吸汁性（きゅうじゅうせい）口器（吸収性口器ともいう）の２種類に分けられる。

咀嚼性口器を持った害虫には，食葉性害虫とせん孔性害虫がある。食葉性害虫は，植物の外から葉や花などを食べる。一方，せん孔性害虫は，植物の葉・枝・幹に潜り込んで植物組織の内部を食べる。また，咀嚼性口器を持った害虫を一般に咀嚼性害虫といい，植物の葉や茎を食害する。また，吸汁性口器を持った害虫を吸汁性害虫と呼び，その被害を吸汁害という。

害虫による植物の被害としては，食害と吸汁害のほかに，産卵のために植物の葉や枝に傷をつけたり，虫こぶを形成したり，各種の病原体を媒介する二次的な被害などがある。

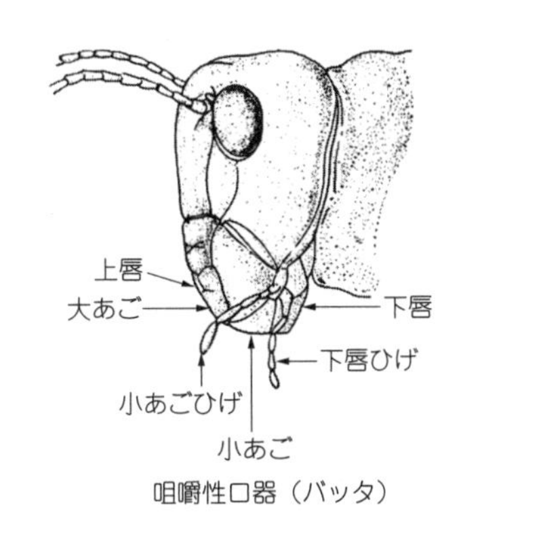

咀嚼性口器（バッタ）

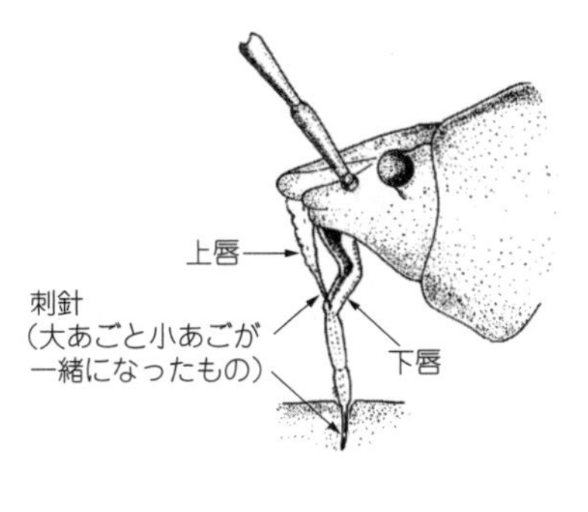

吸汁性口器（カメムシ）

（角田　公正他著「栽培環境」実教出版）

図４－１　昆虫の口器

（３）　加害部位による害虫の分類

害虫による植物の被害には，加害様式による被害の特徴だけでなく，害虫の種類によって加害する植物の部位（加害部位）が異なり，被害にも特徴がある。これらを把握することにより，植物に害虫が見られなくても被害の様子から害虫を推定することができる。

害虫のなかにはマメコガネのように，幼虫は土中で生息し根を食害し，成虫になると葉を食害するというように，成長段階により加害部位が変わる害虫もいる。

第2節　食害性害虫

食害性害虫には，物をかむための咀嚼性口器を持った昆虫類の大部分とダンゴムシなどがある。ナメクジとカタツムリは舌歯(ぜっし)でなめるようにかじる（舐食(てんしょく)という）。

食葉性害虫による被害は容易に発見できそうであるが，ふ化したばかりの幼虫は食害の跡が小さいので被害が拡大してから気づくことが多い。そのため，植物の成長が抑制されたり，植木であれば樹形が損なわれるなどの被害にまで発展することが多い。また，植木などの葉の食害による被害は美観を損なうことになる。

せん孔性害虫による被害は大きい。これは予防や早期発見による防除が難しいことによる。例えば樹木では，カミキリムシの幼虫が樹幹の内部を食害するため樹勢の低下が起こる。また，花壇では，ハモグリバエが草花の葉を食害し，その被害が大きいと傷痕が残り鑑賞価値を失う。

2．1　種　　類

主要な食害性害虫を加害様式と加害部位によって分類すると表４－２のようになる。

表４－２　食害性害虫の加害様式と加害部位による分類

加害部位		加害様式	主要害虫名
植木	若い葉	葉の緑や中央付近から食べる。	ケムシ，イモムシ，アオムシ，ドクガ，イラガ，ミノムシ，ハムシ，コガネムシ（成虫）
		葉を巻いたり，つづり合わせた中にいて食べる。	ハマキムシ，メイガ
		葉を切り取る。	ハバチ
		葉の中に入り，表皮の下を食べてすじをつける。	ハモグリバエ，ハモグリガ
	新芽・新梢	芽に潜って食べる。	メムシガ
		新梢に潜って食べる。	シンクイムシ，ハマキムシ
	若い枝	枝の表皮に潜って食べる。	カミキリムシ（成虫）
		枝の表皮の下を食べる。	ナシホソガ，カワムグリガ
	果実	果実に入って食べる。	シンクイムシ
	幹・太枝	中に潜って食べる。	カミキリムシ，ボクトウガ、コウモリガ，スカシバガ
	根	根を食べる。	コガネムシ（幼虫）
芝草	葉	葉を食べる。	スジキリヨトウ，シバツトガ
	根	根を食べる。	シバオサゾウムシ，コガネムシ（幼虫）

（表4－2　つづき）

<table>
<tr><td rowspan="7">草花</td><td rowspan="3">若い葉</td><td>葉の緑や中央付近から食べる。</td><td>ケムシ，イモムシ，アオムシ，ハムシ</td></tr>
<tr><td>葉を巻いたり，つづり合わせた中にいて食べる。</td><td>ハマキムシ</td></tr>
<tr><td>葉の中に入り，表皮の下を食べてすじをつける。</td><td>ハモグリバエ，ハモグリガ</td></tr>
<tr><td>花・幼芽</td><td>花や幼芽を食べる。</td><td>ナメクジ，カタツムリ</td></tr>
<tr><td rowspan="2">茎</td><td>茎の中に潜って食べる。</td><td>メイガ</td></tr>
<tr><td>茎の根元を切る。</td><td>ネキリムシ</td></tr>
<tr><td>根</td><td>根を食べる。</td><td>コガネムシ（幼虫），ネキリムシ，ダンゴムシ</td></tr>
</table>

2．2　特　　徴

（1）　食害性昆虫の生態

a．生　　態

（a）　食　性

動物が，どのような食物をいかなる方法で，どれほどの量を摂食するかという生活・行動のありさまを食性という。

昆虫が食べるえさの種類によって分類すると，次のようなものがある。

① 植食性昆虫：生きた植物を食べる。

② 肉食性昆虫：生きた動物を食べる（例えばテントウムシは，生きたアブラムシを食べる）。

③ 腐食性昆虫：動植物の死体・分解物・排せつ物などを食べる（例えばヤマトシロアリは，枯死木を食べる）。

④ 雑食性昆虫：上記のものを2種類以上食べる（例えばダンゴムシは，生きた植物や腐植を食べる）。

植食性昆虫は，えさとなる植物の種類数によって，単食性・狭食性・広食性に分けられる。

単食性は，カイコがクワの葉だけを食べるように，ただ1つの種類の植物を食べるものである。

狭食性は，えさとなる植物の種類がどの程度か明確ではないが，モンシロチョウ（幼虫）がアブラナ科植物だけを食べるように，えさとなる植物が単一の属又は科に限られるものである。

広食性は，マメコガネやアブラムシ類のようにえさとなる植物の範囲が単一の属又は科に限らないで広範囲の植物を食べるものである。

庭園・公園などでは，多くの種類の植物が植えられているので，広食性の害虫であるアメリカシロヒトリの発生を放置すると，被害が拡大しやすい。それに対してチャドクガは，ツバキ属の植物だけを食べるのでツバキ・サザンカ・チャなどを注意すればよい。

（b） 生活環

昆虫は一生の生態過程（卵から幼虫，(蛹)，成虫と変化）を中心とし，環状に表したものを生活環という。

昆虫は，四季の温度変化や日照時間の変化に適応しながら生活する。一般的には越冬を終えて春から活動を開始し，春から秋まで行動して，冬になると越冬する。

昆虫には，その１年間に１世代*だけで過ごすもの（一化性昆虫）と２世代以上（多化性昆虫）のものがあり，後者の種類の方が多い。

例えば，アメリカシロヒトリの場合，図４－２のように蛹で越冬したのち，５月～６月ごろに越冬世代成虫（第１回成虫ともいう）の発生があり，その卵から発生した第１世代幼虫がサクラなどを食害する。その後８月～９月ごろに，再び第１世代成虫（第２回成虫ともいう）が発生したのち，第２世代幼虫による食害が起こる。このようにアメリカシロヒトリは年２回の発生をする多化性昆虫である。

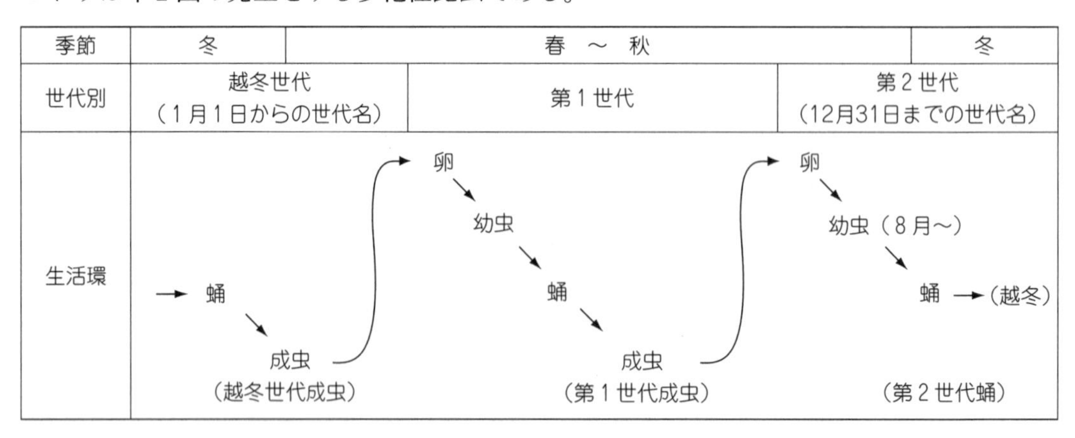

図４－２　アメリカシロヒトリの生活環と世代の数え方

一方，アブラゼミのように産卵から成虫になるまで５～７年かかるものや，カミキリムシのように２年以上の幼虫期間があるものなど，１世代に長期間を要するものがある。１世代が短いものに吸汁性害虫のアブラムシやハダニがある。これらは卵から成虫になるまでの期間が好適な条件下で10日前後と短く，年間の世代数も多い。

＊　**昆虫の世代**：産出された個体が次世代を産出するまでをいう。

（２） 昆虫以外の食害性害虫の形態と生態

①　ナメクジ（マイマイ目）

土の中や落葉の下などの分解物が多く湿度が高い所に生息し，成体・幼体とも夜間に活動し，やわらかい草花の葉・花・実などを餌食する。

成体は，体長60mm，幅10mm程度となる。年１回の発生で，成体で越冬したものが春に活動を始めて食害し，６月ごろに産卵する。夏から幼体が発生して食害する。

②　カタツムリ（マイマイ目）

草花や野菜などを加害するカタツムリのなかで最も普通に発生するものは，ウスカワマイマイである。ウスカワマイマイの成体は，直径が20mm程度の淡黄褐色で内部が透けて見え，薄い貝殻に包まれている。夜間に活動するが，曇り日では日中でも活動して草花の葉や花を餌食する。常に高い湿度がある場所の土塊の陰や落葉の下で暮らす。夏と冬に活動を休止し，春と秋に産卵する。

③　オカダンゴムシ（ワラジムシ目）

触ると体を丸めて球状になるので，ダンゴムシという。成体と幼体は同じ形をしていて，成体は体長５～８mmで，幼体はこれより小さい。

生きた植物や腐植を食べるなど雑食性で，花壇が過湿状態で落葉や腐植質が多いと被害が発生することがある。草花の根・若芽・実などを食べる。

年１回の発生で，成体で越冬し春に産卵して，６月～７月ごろから幼体が活動を始めて食害する。

第3節　吸汁性害虫

吸汁性害虫は，植物の汁液を吸汁するのに適した吸汁性口器を持つものを総称していう。

3．1　種　　　類

主要な吸汁性害虫を加害様式と加害部位によって分類すると表４－３のようになる。

吸汁性害虫は，植物の外部から吸汁するハダニや昆虫と，内部に寄生して吸汁するセンチュウに大別できる。

吸汁性の昆虫やダニ類の被害は吸汁することによって，緑化植物の葉の細胞が破壊され，葉緑体が失われるのでつやのない白色の濁点になり，被害が大きい場合は葉が変形したり，細枝が枯れたりする。庭園などの観賞用植物では，著しく美観を損なう。

センチュウによる被害は植物の根に侵入又は虫えい（ゴール）をつくり，加害するので，植物の成長が抑制される。また，ハガレセンチュウは葉内で加害し，マツノザイセンチュウはマツの樹幹・根の内部に侵入し，増殖して松枯れの原因となっている。

また，アブラムシ，カイガラムシの寄生によるすす病の発生や，マサキナガカイガラムシの寄生によるこうやく病の発生など，病気の発生の誘因となることもある。

表４－３　吸汁性害虫の加害様式と加害部位による分類

加害部位		加害様式	主要害虫名
植木	葉	若い葉から吸う。	アブラムシ，グンバイムシ，ウンカ，ハダニ，ヨコバイ
		芽から吸う。	アブラムシ
		葉に寄生して吸う。	ハガレセンチュウ
	葉・枝	葉・枝から吸う。	カイガラムシ
		吸いながら泡を出す。	アワフキムシ
	果実	果実から吸う。	ヤガ（成虫）
	枝・幹	マツの材部に寄生して吸う。	マツノザイセンチュウ
	根	根に寄生して吸う。	ネコブセンチュウ，ネグサレセンチュウ
芝草	葉・茎	葉・茎から吸う。	カメムシ，ウンカ，ヨコバイ
	茎	茎から吸う。	カイガラムシ
	根	寄生して吸う。	センチュウ類
草花	芽・つぼみ	芽・つぼみから吸う。	アブラムシ，アザミウマ
	葉・茎	若い葉から吸う。	アブラムシ，ハダニ，コナジラミ
		吸いながら泡を出す。	アワフキムシ
	根	根から吸う。	ネダニ
		内部に寄生して吸う。	ネコブセンチュウ，ネグサレセンチュウ

３．２　特　　徴

（１）　吸汁性昆虫の形態と生態

緑化植物を加害する昆虫類の大部分は食害性害虫であるが，カメムシ目（半翅目（はんしもく））害虫のアブラムシやカイガラムシなどと，アザミウマ目（総翅目（そうしもく））害虫のアザミウマなどは吸汁性害虫である。

ａ．カメムシ目害虫の特徴

カメムシ目害虫は緑化植物の葉・茎・つぼみ・花などから汁を吸って被害をもたらす害虫で，アブラムシ・カイガラムシ・グンバイムシ・ウンカ・ヨコバイ・コナジラミ・キジラミ・カメムシ・ハゴロモなどがある。

これらは形態，生態ともに多様である。

（ａ）　アブラムシ（→虫－３）

アブラムシは植物のやわらかいところから汁を吸うので，植木では新葉の裏面や新芽，草花ではやわらかい茎・花・実などに寄生している。発生が激しい時期には，１～２mmの成虫や幼虫が集まっているので発見しやすいが，季節によってえさとなる植物を変える（寄主転換という）ものは被害だけが残り，アブラムシの姿が見えないことがある。

アブラムシは，一生のうちに図４－３のような生態と形態の変化をする。春になって植物の芽や樹皮の間の越冬卵から幼虫が発生し，幹母と呼ばれる雌成虫となる。初夏になって翅（はね）のある成虫が出現し，新しい加害場所に移動する。食害する植物は決まっていて，そこに到達すると繁殖を始め個体数が増えてくる（卵と蛹の時期はない）。

また，秋になり越冬の準備をする時期になると，有性生殖をする雄と雌が出現し，交尾をして雌が越冬場所に卵を産みつける。

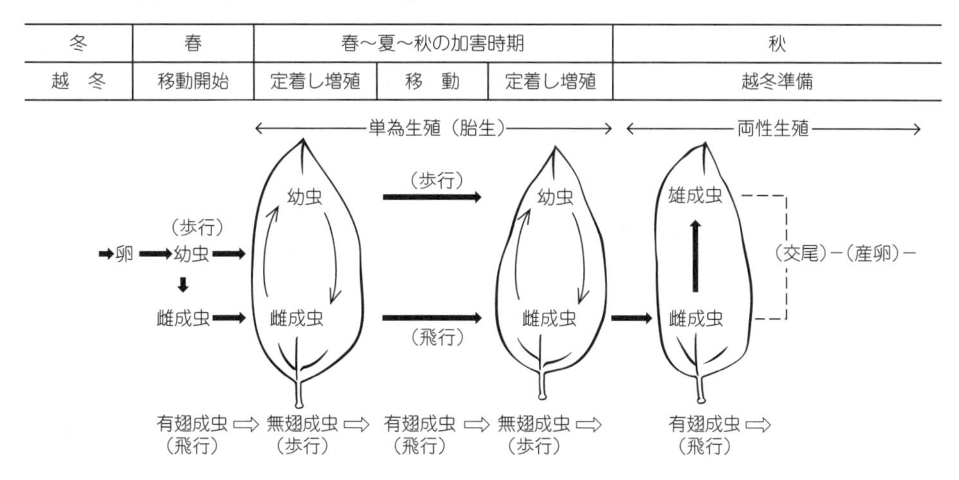

図４－３　アブラムシの生態と形態の変化

（ｂ）　カイガラムシ

一般に植木で見られるのは，樹皮や枝の上に定着したカイガラムシの雌成虫であり，雄成虫は翅を持った移動性である。雌雄は全く違う形をして違った生活をする。カイガラムシの生態と形態の変化は図４－４のようになる。

マルカイガラムシなどの雌は幼虫の時期に歩行により移動し，近くの樹皮に定着すると脚が退化し，その場所で成虫となる。成熟成虫になると飛来してきた雄成虫と交尾して自分の体の下やろう物質でつくられた袋状のもの（卵のう）に卵を産む。

卵からふ化した幼虫は，定着するとすぐにろう物質を分泌して体を覆うので，殺虫剤が作用しにくくなる。したがって，幼虫の移動の時期が薬剤防除の適期となる。

カイガラムシの名前は，介殻虫と書くので貝の形をした固いものを連想するが，植物体上に定着している雌成虫の形態は多様である。植木の大害虫であるルビーロウムシ・ツノロウムシ・カメノコロウムシなどのろう質のやわらかいものや，白い粉をつけた殻のないものなどもカイガラムシの仲間である。また，コナカイガラムシなどは成虫になっても歩行移動する。

庭園などで発生することの多いカイガラムシを，雌成虫の形態と移動性の違いによって分けると次のようになる。

A．雌成虫は移動しない。

1．体が貝の形をした固い殻で覆われているもの……マルカイガラムシ類（→虫−40）など

2．体が白色やあめ色のろう物質で覆われているもの……ロウムシ類（→虫−31）など

3．体に白い綿のような袋をつけているもの……ワタカイガラムシ類（→虫−34）など

B．雌成虫は移動する。

体が白い粉で覆われているもの……コナカイガラムシ類など

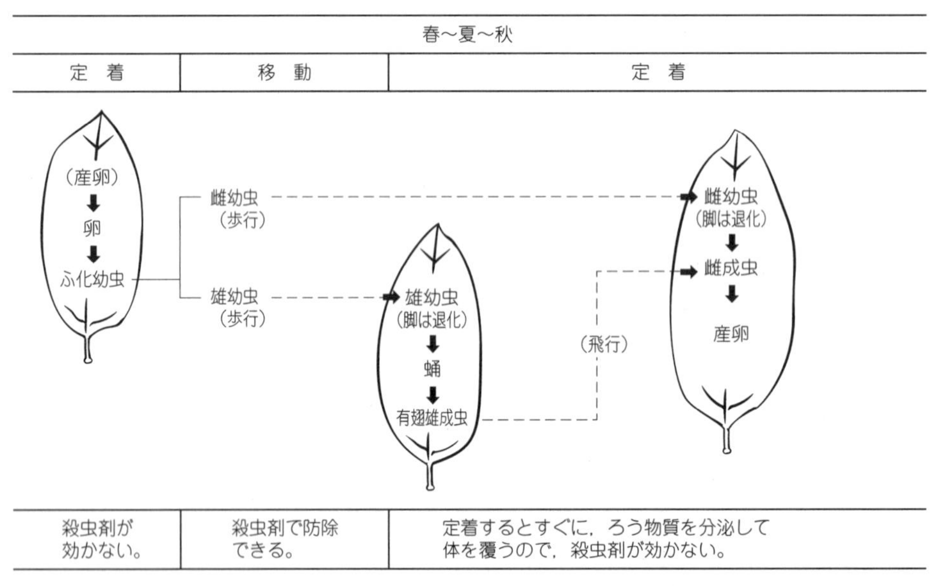

図4−4　カイガラムシの生態と形態の変化

b．アザミウマ目害虫の特徴

アザミウマ（スリップスともいう）は，黄色の細長い小さな虫（成虫の体長は1〜2mm）で，草花の新芽・花弁・若い葉や花木の花などから汁を吸う。アザミウマの吸汁の仕方は，植物の表面を口器で傷をつけ，そこから出る汁を吸うものであり，吸汁口を差し込むだけの害虫に比べて被害が激しくなる。新芽の加害では葉の変形が起こり，葉の加害では

葉裏の表面が破壊されて褐色の傷や銀白色の傷跡ができる。

アザミウマの形態は図4－5のように，幼虫も蛹も成虫に似た形である。その生活は，図4－6のように，植物体上と地表近くの土の中との移動を繰り返す。成虫と幼虫は植物体上で吸汁して暮らすが，蛹化間近の幼虫は地表面に降りて蛹で過ごし，成虫になってまた植物に戻る。

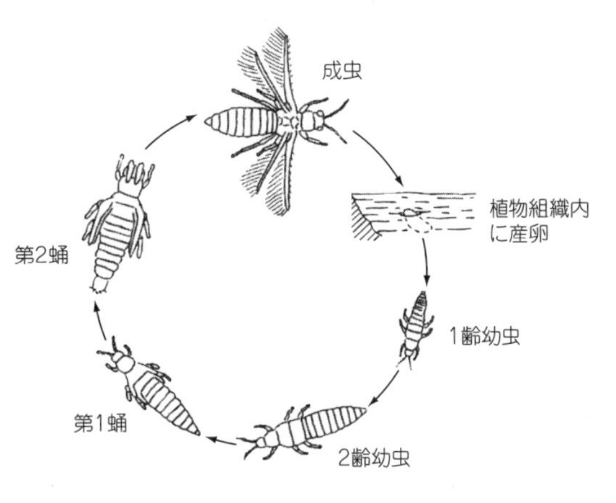

図4－5　アザミウマの形態の変化

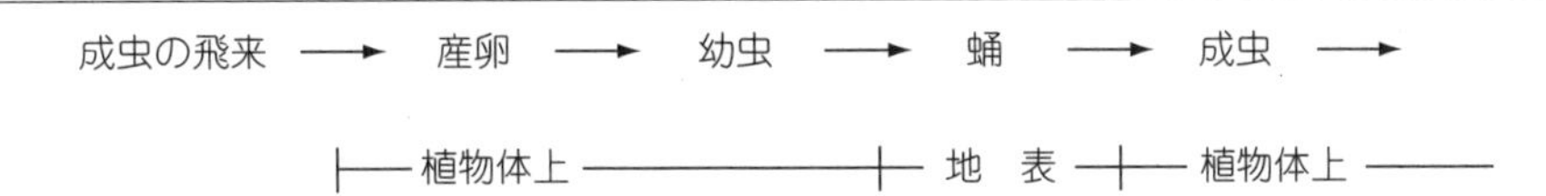

図4－6　アザミウマの生活の仕方

(2)　ダニ類の形態と生態

ダニ目のなかで植物に寄生したり生息するものには，ハダニ・ホコリダニ・コナダニ・フシダニなどがあるが，緑化植物の害虫としてはハダニが主で，ほかに草花を加害するホコリダニと，球根を加害するコナダニ科のネダニなどがある。

ミカンハダニの成虫（→虫－54）は，0.5mm程度の小さいだ円形で8本の足があり，図4－7のように幼虫から成虫まで同じような形をしている。卵からふ化した幼虫は，若虫と呼ばれる時期を過ごしてから，蛹にならずに成虫になる。

成虫になったハダニはアブラムシと同じように単独生殖が可能なため，雄がいなくても増殖できる。このため，薬剤散布にはまきむらのないよう十分な薬量が必要となる。

庭園などでは赤い色の種類が多いため，ハダニをアカダニということがある。しかし，カンザワハダニの赤い色から橙色のもの，ナミハダニ（シロダニともいう）の淡黄緑色と種類によってその色が違う。

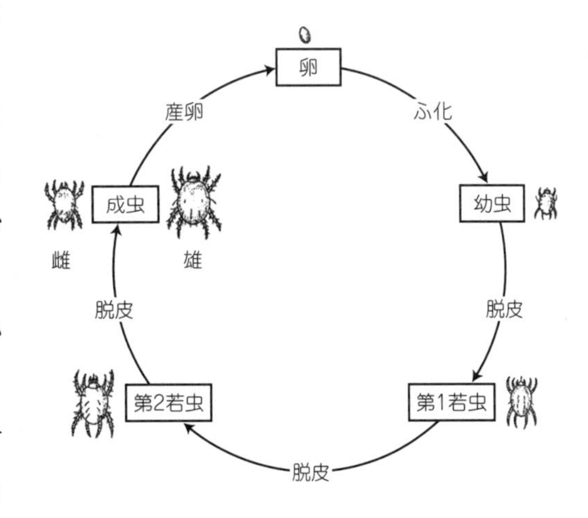

図4－7　ハダニの生育段階

ハダニは主に葉の裏で生息し，温度が高くて空気が乾燥した時期が続くと盛んに増殖し，それに伴って被害も増加する。夏期の高温期と冬の低温期には活動を休止する。

被害を受けた葉は，ハダニが口器で葉の細胞から中身を吸い取るために葉緑素がなくなって傷跡が白い斑点となって残り，葉のつやが失われる（→虫－２・９）。

庭園などで発生するハダニ以外のダニとしては，各種の球根類を加害するネダニがある。ネダニは，ユリ・チューリップ・スイセンなどの球根に被害をもたらす。ハダニ類より少し大きく，胴部は乳白色で，ほかの部分は赤褐色をしている。

（３） センチュウ類の形態と生態

センチュウは線形動物の仲間に属し，図４－８のように糸状をした小さな動物（体長0.5mm程度）で，土の中や動植物の体内で生息しているため通常肉眼で見ることができない。そのため，緑化植物に被害の症状が現れて初めて加害されていることが分かる。

農作物を加害するセンチュウ類（ネマトーダともいう）を植物寄生性センチュウといい，多くの種類がある。

植木や草花で被害が問題となるセンチュウは，ネグサレセンチュウ・ネコブセンチュウなどの根に寄生するセンチュウと，マツを枯らす原因となるマツノザイセンチュウ，キクの葉を枯らすハガレセンチュウなどのように主として植物体の地上部に寄生する。芝草にも寄生するセンチュウはいるが実害の報告はない。

① ネコブセンチュウ

植物の根の先端付近から侵入したネコブセンチュウの刺激によって根にこぶができ，養分や水分の吸収が妨げられて生育不良となり，しおれたりする。

サツマイモネコブセンチュウは非常に多くの植物に寄生するもので，庭木や草花も加害する。そのほか，キタネコブセンチュウによるバラなどへの加害，ツバキネコブセンチュウによるツバキなどへの加害がある。

② ネグサレセンチュウ

植物の根に寄生し，褐変や腐敗を起こし細い根や太い根の発達が妨げられて，地上部の生育が阻害されたり枯れたりする。

キタネグサレセンチュウは，多くの樹木や草花を加

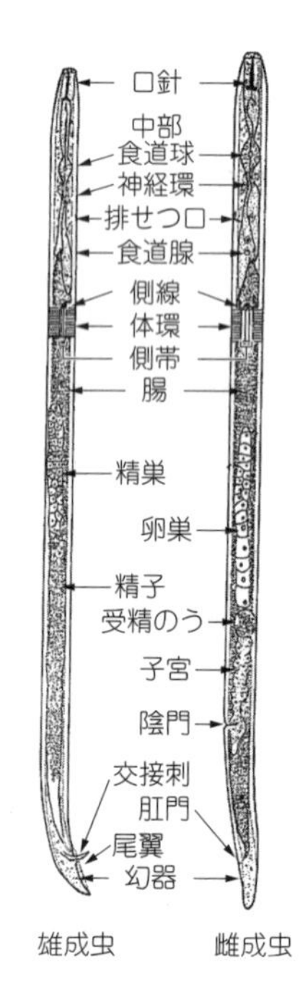

（日本植物病理学会編「植物病理学事典」養賢堂より）

図４－８　センチュウの形態（ネグサレセンチュウ）

害する。クルミネグサレセンチュウも花木など植木を加害する。

③　マツノザイセンチュウ

各地で有名なマツの多くが松枯れ（マツノザイセンチュウ病ともいう）で枯れている。この原因は，マツノマダラカミキリによって運ばれたマツノザイセンチュウによって引き起こされたものである。図4－9のようにマツノマダラカミキリがマツの新梢をかじった食害痕から，マツの樹体内に侵入したマツノザイセンチュウは数日後に根に到達する勢いで樹体内を移動し，増殖を繰り返す。また，センチュウの増殖は気温に大きく影響され，気温の高いときほど著しい。センチュウの増加によりマツの樹勢は衰え，松脂（まつやに）が出なくなり，その後，樹体内の水分の動きが止まるため，マツは萎凋症状を起こし急速に枯死する。寒冷な地方ではセンチュウが侵入した年に枯れず，翌年又は翌々年に枯れる現象も確認されている。この現象を年越し枯れといい，近年増加している。

樹体内のセンチュウは春季にマツノマダラカミキリの蛹の体内に侵入，羽化（うか）した成虫の移動に伴って新しいマツに伝播される。防除方法はマツノマダラカミキリを防除

夏
秋
冬
春
イラストはイメージ図である。実際には，
マツノマダラカミキリ：体長 20〜30mm
マツノザイセンチュウ：体長 1mm弱である。

図4－9　マツノマダラカミキリとマツノザイセンチュウの生活環

する方法とマツノザイセンチュウの増殖を阻止する方法がある。

第4節　その他の害虫

食害や吸汁害ではなく，産卵するために植物に傷をつけたり虫こぶを形成するなどして，植木の観賞に支障を与えるものがある。

(1)　産卵のために傷をつける害虫

植木の枝の先が急にしおれたり枯死し，その被害部分を調べても害虫がいなかったり，病気にかかった様子もないことがある。

このような被害は，モンクキバチなどが産卵のために植木の枝などにつけた傷が原因となっている場合がある。また，産卵の傷による被害には，バラの茎に産卵するアカスジチュウレンジのように，すぐに異常が現れない場合もある。

①　サンゴジュのモンクキバチ

春に，伸長中のサンゴジュの枝が急にしおれて垂れ下がり，枯れた葉が目立つのは，モンクキバチの成虫が産卵のために枝に傷をつけたためである。

この害虫は，のこぎりの歯のような形の産卵管によって産卵するため被害が激しい。また，産みつけられた卵からかえった幼虫の食害も重なり被害はより大きくなる。

②　バラ，サルスベリなどのクロケシツブチョッキリ

クロケシツブチョッキリは，オトシブミ科の害虫で，産卵のため新しく伸びている枝の先端やつぼみの付近に傷をつける。そのため，先端部が急にしおれて垂れ下がり，やがて乾燥して褐変する。

③　バラのアカスジチュウレンジ

幼虫はバラの葉を食害する。雌成虫の産卵場所はバラのやわらかい枝でそこに縦に傷をつける。この傷は，やがて裂けたようになり病原菌の侵入口となる。また，傷口が汚れ鑑賞価値が失われる。

(2)　虫こぶを形成する害虫

害虫の加害によって葉や茎などの植物組織の一部が膨らむものが，虫こぶ（虫えい，ゴールともいう）である。害虫の吸汁や産卵などの刺激によって異常な形となったものである。

虫こぶをつくる害虫には，タマバエ・タマバチ・アブラムシ・キジラミ・タマワタムシ・ハバチ・スカシバガなどの昆虫やダニ類，センチュウ類など多くのものがある。

虫こぶの種類のうちタマバエによるものが半数近くを占める。

被害を受ける植物には，ヤナギ科・ブナ科・クスノキ科・バラ科・マメ科・キク科などがあり，虫こぶの発生する部位は，産卵や生息の場所となる新芽・新葉・つぼみ・幼果・根などである。

虫こぶの発生による被害の例としては，クリタマバチの産卵によってクリの新芽がこぶ状になり実がならなくなることや，アブラムシ類による葉の異常（葉が巻く，葉が縮まるなど）によって美観を損なうほか，枝の成長が止まったり落葉したりすることがある（→虫－60）。

（3）　攻撃してくる害虫（不快害虫）

集団生活をするスズメバチには，主として軒下や壁の間に営巣するキイロスズメバチ（→虫－69）と植木の枝などに営巣するコガタスズメバチ（→虫－70）などがいる。

スズメバチは外敵から巣を守る手段として，攻撃性が強く，直接・間接を問わず巣に刺激を加えると毒針で攻撃してくる。毒針は産卵管が変形したもので，雌で繁殖活動をしない働きバチが持っている。

作業中に被害を受けないためにも，巣が大きくなってくる7月～10月はスズメバチへの注意が必要である。

作業者がスズメバチの巣に近づくと作業者の周りをスズメバチが飛び回り，カチカチという威嚇（いかく）音を発する。また，直接，巣を刺激するか，大声を発してその振動が巣に伝わると働きバチが一斉に飛び出し，作業者を10m以上も追いかけ，攻撃することがある。

スズメバチは黒色に強く反応するので，この時期は白色の上着を着用するとよい。刺されると患部は激痛を伴ってはれあがり，場合によっては呼吸困難になり，ショック死することもある。刺されたときは患部を口で吸うようにしてハチ毒を吸い取り，水で洗い，氷や冷湿布で患部を冷やし，医者の手当てを受ける。間違っても素人判断による薬剤の使用は避けた方がよい。

第5節　害虫の同定・診断と防除

庭園，公園などには，多くの種類の植物が植えられている。そこでは発生する害虫の種類も多く，発生の仕方も多様である。

このような場所で害虫による被害の発生を防ぐには，日常の監視によって発生した害虫を早く見つけ，そして，見つけた害虫を図鑑などの資料と照合して名前を明らかにすること（同定（どうてい）という。）が大切である。害虫名が分かったら，その害虫に最も適した防除法を選び，被害が拡大する前に防除する。

害虫の姿を見つけることができない場合は，被害の状況を診断して害虫名を推定し，増殖や再度の発生に備える。

正しい防除は，正しい同定と診断によって可能となるので，同定と診断は慎重に行う。

なお，自然環境への安全を配慮した防除が必要である。緑化植物を訪れる虫たちのすべてが害虫ではなく，ミツバチのような有用昆虫や，アブラムシを捕まえて食べるテントウムシ（ニジュウヤホシテントウムシは害虫）などがいる。したがって，害虫であるかどうかの確認を慎重に行う必要がある。害虫であれば被害が拡大するかどうかを判断して，薬剤散布が必要な場合は早期に防除することや発生部位とその周辺にのみ防除するなどを試み，無用な防除をしないように努めなければならない。

5．1　害虫の防除法

害虫の防除法としては，物理的防除法，耕種的防除法，化学的防除法などがある。最近では性フェロモンを利用した化学的防除法や害虫の天敵である昆虫・微生物・センチュウなどを利用した生物的防除法などが実用化されている。これらの防除法は，環境に優しい防除法として期待されている。

5．1．1　防　除　法

（1）　物理的防除法

物理的防除法としては，手や簡単な道具で害虫を捕まえて殺す方法（捕殺）と，熱で害虫を殺したり，光・色で昆虫の活動を制御する方法がある。

庭園などでは，害虫の発生量が少なければ捕殺によって防除することもできる。例えば，植木の伝統的な方法であるこも巻き（秋にマツの幹にこもを巻き，越冬のため侵入したマツケムシなどの害虫を早春に捕殺する方法），ケムシ類の卵の除去，イラガのマユの除去などがある。モッコクハマキのように葉をつづるものは，容易に見つけることができるので，こまめに捕殺することで被害を少なくすることができる。

農耕地では，熱によって土の中の害虫を殺したり，光や色を利用して防除する方法が用いられている。光を利用する例としては，銀色のフィルムによって太陽光線を乱反射させ，アブラムシの行動をかく乱して飛来を防ぐ方法がある。色の利用の例としては，黄色の粘着テープを使って，アブラムシやオンシツコナジラミを引き寄せて捕らえる方法などが工夫されている。

（2）　耕種的防除法

栽培管理によって植木を健全に育て害虫や病気に対する抵抗力を強めたり，剪定や整枝によって通風や日照の妨げとなる枝を取り除くことによって，害虫の発生を少なくすることができる。

草花であれば，過密を避け風通しや日照をよくしたり，繁茂し過ぎたときは間引いたり，葉や枝を切り落とすなどの処置をする。芝草のスジキリヨトウでは，夏の幼虫の発生時期に芝を刈ることによって，幼虫は直射日光と地温の上昇によって死滅する。

被害枝・被害葉の除去，枯れ木の処分，落葉の清掃などによって，害虫の生息場所をなくして，発生を防ぐことができる。また，庭園などでは植木の周辺や花壇に生える雑草も害虫の生息場所となるので雑草の管理に注意をはらわなければならない。

（3）　化学的防除法

化学的防除法は薬剤防除法ともいわれ，主に殺虫剤が使われているが，そのほかに，殺ダニ剤・殺線虫剤・誘引剤・忌避剤などが使われている。

昆虫に用いる誘引剤には，昆虫の雌が雄を引き寄せるために放出する物質（性フェロモンという）を利用したものがある。性フェロモンの使い方には，害虫の交尾行動をかく乱して産卵量を減らす方法と，害虫を誘引して殺虫剤や粘着板で殺すか捕獲する方法などがある。これらの方法は，殺虫剤の使用を少なくできる方法として期待される防除法であるが，使用する誘引剤の種類によって誘引される昆虫の種類が限定されるなど，使用条件による制約を受ける。そのため，農耕地やゴルフ場で実用化されているものの庭園などでの利用は進んでいない。

（4）　生物的防除法

化学的防除法に代わるものとして期待されている防除法で，害虫の天敵を利用する。害虫の天敵には，捕食性天敵，寄生性天敵，微生物天敵がある。しかし，環境への配慮も考え，必要以上の使用は避けたい。

①　捕食性天敵としては，クモ類，アブラムシを捕まえて食べるテントウムシ類，ダニ類などがある。農耕地の害虫防除には，次のようなものが利用されている。

作物名（例）	害虫名	天敵名
カンキツ	イセリアカイガラムシ	ベダリアテントウムシ
イチゴ	ハダニ類	チリカブリダニ

② 寄生性天敵としては，害虫に寄生するハチ類やハエ類，センチュウなどがある。芝草害虫のシバオサゾウムシやシバツトガなどの防除にセンチュウが実用化されている。

作物名（例）	害虫名	天敵名
芝　草	シバオサゾウムシなど	スタイナーネマ属センチュウ
カンキツ	ヤノネカイガラムシ	ヤノネキイロコバチ
	オンシツコナジラミ	オンシツツヤコバチ

③ 微生物天敵としては，昆虫を病気にする細菌，菌類，ウイルスなどがある。細菌が生産する毒素を利用したBT剤は，植木の害虫のアメリカシロヒトリ，チャドクガ，モンクロシャチホコや野菜の害虫のコナガに使われている。

作物名（例）	害虫名	天敵名
マ　ツ	マツカレハ	DCV剤 （細胞質型多核体ウイルス）
植木・草花	チョウ目害虫	BT剤（細菌）
カンキツ・クワ	カミキリムシ	ボーベリア・ブロンティア剤 （菌類）

5．1．2　同定・診断

アブラムシ類やハダニ類のように移動性の少ない害虫であれば容易に姿を観察することができる。しかし，ヨトウムシなどのように昼間は葉陰や土に潜んで夜間にだけ活動するものや，コガネムシなどのように飛来して食害後に飛び去るものなどは，姿を見つけられないこともある。

そのため，害虫による被害を見て診断することが多くなるので，害虫によってどのような被害が発生するのかを，本章の記述内容を参考にし，診断に役立てて欲しい。また，特に病気による被害と見間違わないように注意をする。

害虫の同定や被害の診断は次のようにして行う。

① 害虫や被害を見つけるための観察

葉・枝先・枝・幹・地際と分けて観察し，もし異常があれば，その部分とその付近に害虫がいるかどうか調べ，植物全身に異常があれば土を掘って根も調べる。

② 害虫を見つけた場合の処置

害虫を発見したら害虫名を確認する。害虫名が分からないときは，害虫を採取して，図鑑で確認するか，都道府県の病害虫防除所・農業試験場，グリーン研究所などの専門家に見てもらう。また，持ち帰った害虫は殺虫するなど適切に処分をし，害虫の拡散は避ける。

③　害虫が見つからなかった場合の処置

害虫を見つけることができなかったときは，食害や吸汁害による傷の様子，糞や汚れなどを観察することで害虫名を推定する。

5．2　植木の害虫防除

(1)　調　　査

植木に害虫の発生や被害があるかを調査する。その際の調査方法は図4－10のように，部位別に加害があるか観察する。また，植木から少し離れて，樹全体の色や形状の変化を観察し，異常の有無を調査することも必要である。

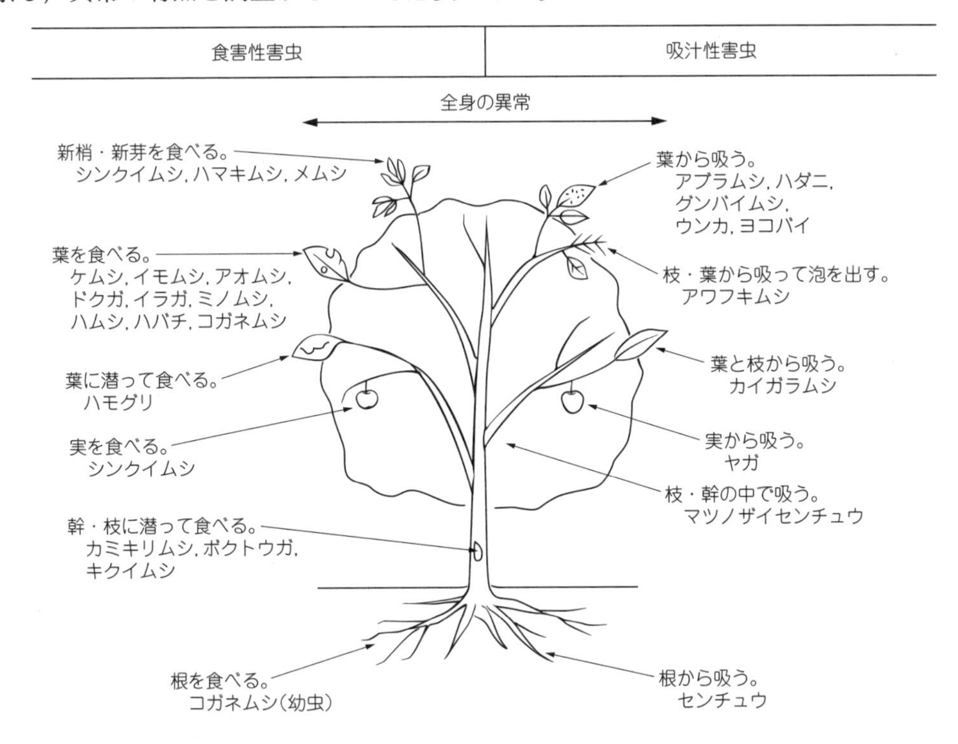

図4－10　加害部位と加害様式

(2)　防　　除

a．季節ごとの防除作業

公園や庭の緑化植物を害虫や病気から守るために，毎年，どの樹に何の害虫が発生するかを十分に把握しておく必要がある。害虫などが発生すると予想される時期に薬剤散布を，また，事前に耕種的防除法を施すことにより，環境の保全と費用の削減が図れる。

このような作業は毎年，同じように繰り返されるのが一般的であるため，年間の防除作業を記録し，防除作業暦を作成すると便利である。

① 春になって葉が出るころから害虫の活動が始まるので，発生に注意する。特に，若い枝を加害するアブラムシやチャドクガが発生したらすぐに防除する。

② 夏の初めの６月～７月ごろと盛夏を過ぎた８月～９月ごろには，アメリカシロヒトリが発生するのでその防除を行う。この時期は，一般にアメリカシロヒトリの防除を重点に作業することが多いが，これによって広葉樹に発生するケムシ類を同時に防除することができる。

③ 夏にはスズメバチの巣が植木の枝や小屋の屋根の下などで大きくなるので，早期に見つけ除去作業をする。スズメバチに刺されると生命に影響するような被害を受ける可能性があるので，白色の長袖の上着やネットで顔を包むなどの工夫をして，日没後に除去作業をする。決して蜂の警戒色である黒色の上着は着ないことや巣に振動を与えないようにする。

④ 秋には，グンバイムシ（ハダニ類など）のように夏に活動を休止していた害虫や，涼しくなってから発生が目立つようになる害虫の発生に注意する。発生していれば翌年の発生を少なくする目的も兼ねて防除する。

⑤ 冬には，カイガラムシの休眠期防除や松枯病のためにマツノザイセンチュウのマツへの侵入・増殖防止のための樹幹注入剤処理とマツノマダラカミキリの幼虫除去のための枯死木の伐採処置などを行う。

b．防除が難しい害虫の防除法

植木に発生する害虫のなかで，茎葉を食害する害虫は比較的容易に防除することができるが，防除が難しいものもある。

① カイガラムシの防除

植木に寄生するカイガラムシの防除は，卵からふ化した幼虫が移動する時期に殺虫剤を散布するか，冬期（植木の休眠期）にマシン油乳剤などを散布する。

幼虫の発生は一般に５月～６月と７月～８月であるが，発生の時期と回数は種類によって異なるので，種類を確認することが大切である。発生の時期が分かったら，殺虫剤のなかでカイガラムシに農薬登録のある薬剤を選び散布する。散布は，幼虫のふ化期間が長期にわたるものが多いので，１週間おきに２～３回行う。

多発した場合には，幼虫防除だけでなく，12月～２月にマシン油乳剤などを散布する。散布は，薬害の発生を避けるために植木の休眠期に行う。激しい被害を受けて樹勢が弱っている樹木は薬害が起こりやすいので，濃度を下げて散布する。

カイガラムシは，風通しや日照が悪くなると多発しやすいので，剪定・整枝によって発生しない環境をつくることが大切である。枝透かしは，樹幹内への散布を容易にして防除効果を高めるのに役立つ。

② マツノマダラカミキリとマツノザイセンチュウの防除

アカマツ，クロマツなどマツ類の樹が赤く枯れる松枯れは，マツノマダラカミキリの媒介によってマツに寄生したマツノザイセンチュウ（→虫－52）に起因して起こる病気である。

マツノザイセンチュウが侵入し増殖したマツは，すぐに樹脂の分泌が少なくなる。その後，針葉がしおれたり変色するが，その進展は急速で，やがて赤褐色になって枯れる。この病気は松脂が出なくなると治療方法がなく枯死を待つしかない。このため発病前の予防が主となる。防除方法としては，媒介するマツノマダラカミキリを防除する方法，侵入したマツノザイセンチュウの増殖を防ぐ方法がある。

マツノマダラカミキリ（マツクイムシともいう）の防除は，被害木を伐採して中にいる幼虫を薬剤散布やチップなどに加工して除去したり，羽化した成虫が小枝の樹皮をかじる（後食（こうしょく）という）時期にマツの樹冠部に薬剤を散布する方法がある。

マツノザイセンチュウの防除は，農薬登録のある薬剤を冬季にマツの樹幹に注入処理することによって，初夏から初秋までマツノマダラカミキリによって運ばれたマツノザイセンチュウが樹体内で殺虫又は増殖を抑える方法で，１回の処理で４年の有効期間を持つ薬剤がある。

③ せん孔性害虫の防除

植木の樹幹や枝に潜り込んで食害するカミキリムシ，ゴマフボクトウ（→虫－25），コウモリガ（→虫－45），コスカシバ（→虫－５）などは，被害が発生してから気づくことが多く，防除の難しい害虫である。

せん孔性害虫を防除する方法には，侵入を予防するための産卵防止・卵の除去・ふ化幼虫の防除と，侵入後にせん入孔から殺虫剤を注入する防除がある。

産卵を防止する方法には，成虫の捕殺や産卵場所への殺虫剤散布がある。産卵のために樹皮をかむカミキリムシの卵を除去するには，かみ跡を見つけ，その上から木槌などでたたいて内部の卵をつぶす。

コスカシバでは，樹皮に生息するふ化直後の幼虫を対象に樹幹に薬剤を散布する。コウモリガの幼虫は，樹幹に食入する前に雑草を食べて成長するので，周辺の雑草を取り除いて発生を防ぐ。

食入している幼虫を防除するには，食入孔に薬液を注入する。コスカシバでは，やにが漏出している部分の樹皮を開き幼虫を捕殺する。

5．3　芝生の害虫防除

（1）調　　査

害虫による芝生の被害は，図4－11のように，葉や茎の部分と根の部分がある。葉や茎の被害は，芝草を近くで観察して異常の有無を調べる。コガネムシの幼虫などによる根の食害は，病気による生育異常と間違えることが多い。少し離れたところから葉色の変化を観察し，枯れたり生育の悪い部分があれば，土を掘って根の状態や害虫の有無を確かめる。また，シバオサゾウムシの被害はシバの根が極端に傷むので芝草を地際部から引っ張ると容易に抜けるので，判断ができる。

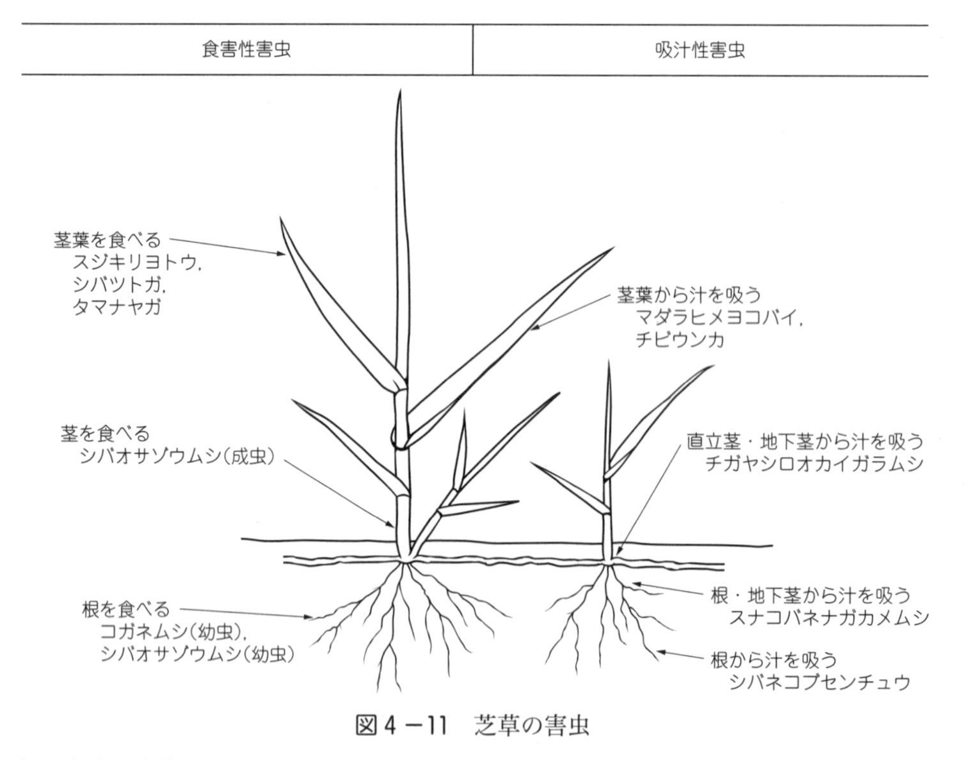

図4－11　芝草の害虫

（2）害虫の種類

芝生の害虫として，我が国で確認されたものは約40種類あり，ゴルフ場で被害をもたらすために防除が必要とされる害虫は，そのうち13種類ほどである。

庭園や公園などの日本芝では，ゴルフ場に比べて被害の発生は少なく，注意すべき害虫には次のような種類がある。

害虫名	分類名	加害様式
コガネムシ類	コウチュウ目	主として幼虫による根の食害
シバオサゾウムシ	コウチュウ目	成虫による茎と幼虫による根の食害
スジキリヨトウ	チョウ目	幼虫による茎葉の食害
シバツトガ	チョウ目	幼虫による茎葉の食害

(3)　生態と防除

①　コガネムシ類

コガネムシ類の幼虫は，土の中にいて芝草の根を食べる。成虫は一般に芝草を食べずに交尾活動のみを行うが，マメコガネやドウガネブイブイ（→虫−39）などの成虫は芝草を食害する。主要なコガネムシの生活の仕方は，図4−12の①と②のように，2種類に分けることができる。

防除は幼虫を対象に殺虫剤を土の中に灌注する方法と，成虫を対象に芝草や樹木に殺虫剤を散布する方法がある。成虫には夜行性のものと昼行性のものがあるので，防除する時間に注意する。

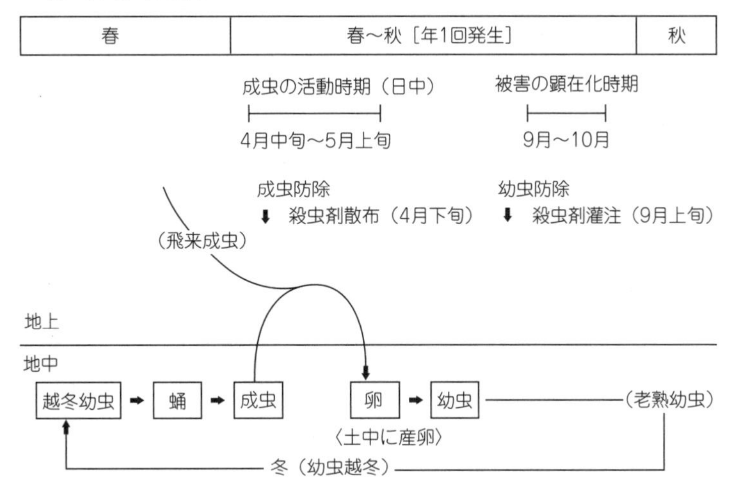

図4−12　芝草におけるコガネムシ類の生態

② 幼虫だけが芝生内で過ごすもの

食　　害：　幼虫だけが芝の根を食害する。成虫は芝以外の植物を食べる。
活動時期：　昼行性のもの：マメコガネ，アシナガコガネなど。
　　　　　　夜行性のもの：ドウガネブイブイ，ヒメコガネなど。

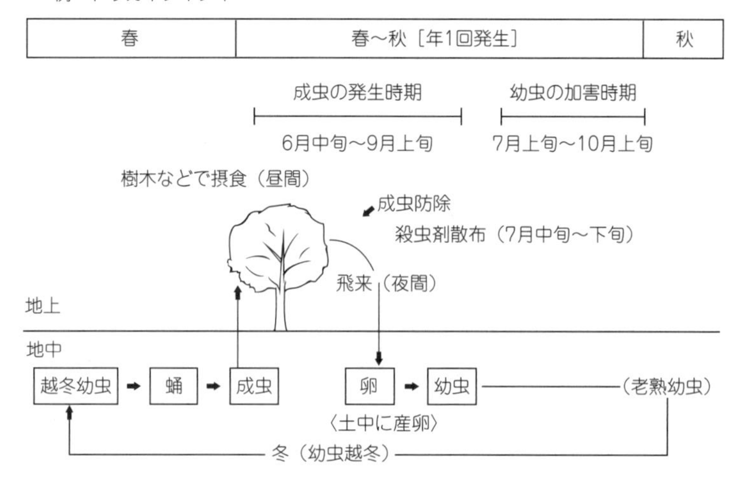

図4－12　芝草におけるコガネムシ類の生態（つづき）

② シバオサゾウムシ

シバオサゾウムシは芝草の直立茎に産卵し，ふ化した幼虫はまもなく土中に入って芝草の根を食害する。成虫は葉を食べて産卵を繰り返すため，芝生に大きな被害をもたらす。防除は登録のある農薬を数回散布する（図4－13）。

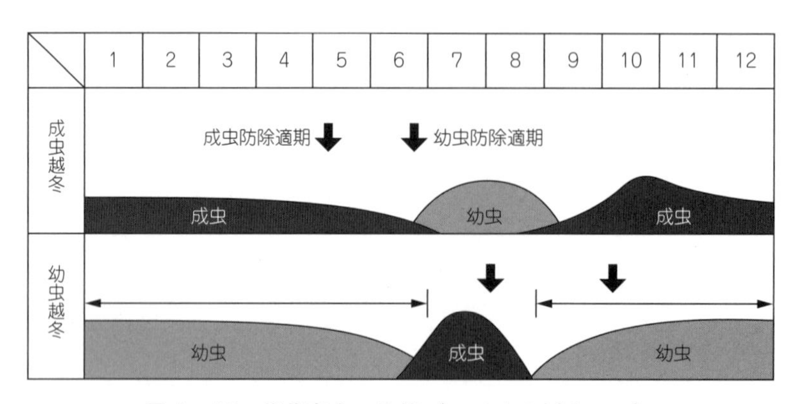

図4－13　芝草害虫の生態（シバオサゾウムシ）

③ スジキリヨトウ・シバツトガ

いずれも幼虫が芝草の葉を食べるので，防除は図4－14のように幼虫の発生時期に殺虫剤を散布する。最近は気象の変動が激しく，成虫の発生時期が定まらず5月～10月まで発生が断続的に続くようになってきている。

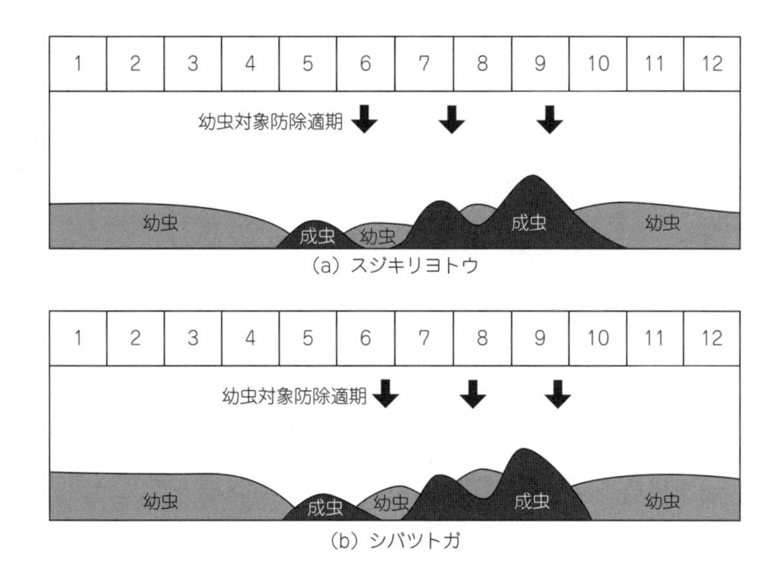

図４－14　芝草害虫の生態（スジキリヨトウとシバツトガ）

5．4　草花の害虫防除

(1)　調　　査

各種害虫の草花に対する加害には，図４－15のように地上にある花・つぼみと茎葉を加害するものと，地下の根を加害するものがある。

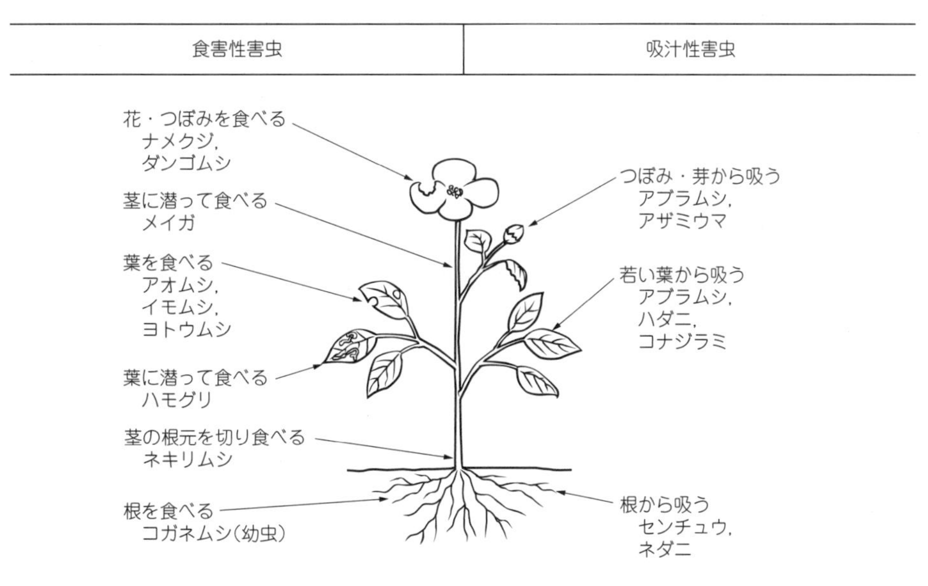

図４－15　草花の害虫

土壌害虫と呼ばれる土の中で生活するヨトウムシとネキリムシ（→虫－67）は，幼虫の初期に茎葉にいて葉などを食べ，大きくなると日中は土の中にいて夜間だけ茎葉に上がって食べるので，葉や茎に被害を見つけても害虫の姿が見つからない場合がある。そのときには，付近の土の中に害虫がいないか調べる。

（2） 防　　除

植え替え花壇で，春や秋の害虫の発生が多い時期に草花を植えるときは，殺虫剤の粒剤を土の中に入れてから移植する。

植え付け後に害虫が発生してから防除する方法としては，殺虫剤を所定の濃度に水で薄めて草花の茎葉に噴霧するのが速効的（効果の発現が速いこと）であり的確である。そのほか，粒剤を草花の株元の土に散粒する方法がある。株元にまいた殺虫剤は，有効成分が土の中に溶け出して根から吸収されて茎葉に広がり，茎葉を加害する吸汁性害虫と食葉性害虫とを防除することができるので，液剤の散布作業よりも労力が少なくてすむ。この方法は遅効的（効果の発現が遅いこと）であるため，害虫が発生する前に殺虫剤を処理しておく。

5．5　殺虫剤の使い方

5．5．1　殺虫剤の使い方

殺虫剤を選ぶときは，害虫が生息している場所を特定し，その場所に適した使い方のできるものを選ぶ。殺虫剤の使い方は，図４－16のように茎葉散布と土壌処理とに大別できる。

① 茎葉散布は，芝や草花の茎・葉に，植木の葉・枝・幹に散布する方法，薬剤を水で薄め噴霧器などで散布する方法と粉剤，エアゾール，AL剤を直接散布する方法がある。

② 土壌処理には，乳剤・水和剤を水で薄めてから土の表面に散布する灌注法と，粒剤・粉剤をそのまま土の表面に散布する散粒法・散粉法がある。

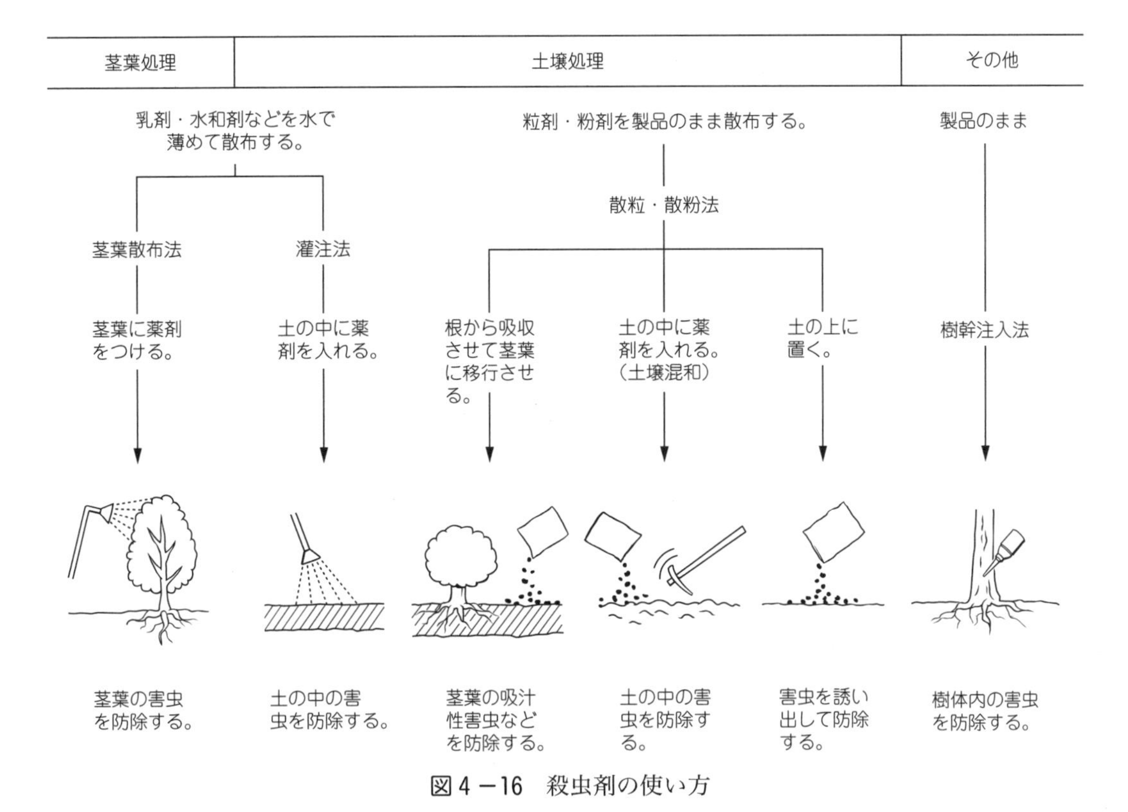

図4－16　殺虫剤の使い方

5．5．2　殺虫剤の種類

殺虫剤の分類法には，有効成分の化学構造をもとにした分類など用途によって，いくつかに分類されている。

a．殺虫剤の体内への入り方による分類

殺虫剤は害虫の体内に入って効果を現すが，その体内への入り方によって次のように分類される。なお，殺虫剤によっては複数の経路で害虫の体内に入るものもある。

① 接触毒剤

害虫の皮膚から体内に浸透して殺虫効果を現すもので，殺虫剤の多くはこれに属する。

② 食毒剤

害虫が食害したり吸汁したときに，口から消化管に入り，体内に吸収されて殺虫効果を現すもの。例えば，BT剤は茎葉ともに害虫に摂取されて初めて毒性を現すもので，食葉性害虫だけに効果がある。また，有効成分が茎葉や根から吸収されて植物の体内に入り，植物の汁液とともに組織内を移行して植物全体に広がる性質を持っているもの（浸透移行性）で，植物の汁液を吸汁する吸汁性害虫に高い効果を現す食毒剤

も含まれる。

③　吸入毒剤

気化した殺虫剤が害虫の気門から体内に侵入して殺虫効果を現すもの。

b．害虫の種類による分類

害虫と称されるものには昆虫以外にダニ類やセンチュウ類があり，その被害も大きい。これらは殺虫剤の作用性が昆虫と異なるため効果のある薬剤を別に分類している。

①　殺ダニ剤

マシン油乳剤や石灰硫黄合剤が古くから使われてきたが，ハダニに効果の高い薬剤が開発されている。ハダニ防除専用のものと，ほかの害虫を同時に防除できるものがある。同一系統の薬剤の散布を連続するとハダニは薬剤抵抗性が生じやすいので，系統の異なる殺ダニ剤を組み合わせて使う。

②　殺線虫剤

作物の根部に寄生するセンチュウを対象にした土壌線虫防除剤と，マツノザイセンチュウ防除剤がある。土壌センチュウを防除する場合は，薬剤を土壌に灌注処理を行い，マツノザイセンチュウを防除するには冬季にマツの樹幹に注入処理を施す。

5．5．3　散布の仕方

噴霧器で茎葉散布をするときの注意としては，次のようなものがある。

①　散布した霧状の液が茎葉の全体に，均一に付着する程度の量を散布する。散布した液が葉からしたたり落ちるようでは散布量が多過ぎる。

②　葉の裏側に散布液がよく付着するように散布する。害虫が葉の裏側で加害したり，隠れていることが多いので，葉の表側だけでなく，裏側にも散布液が付着するようにする。

③　散布液が防除目的の緑化植物以外に飛散しないよう十分に注意をする（p.30工程４の２）参照)。畑が隣接する場合は薬液が飛散しないように畑を背にして散布する。また，噴霧器の噴霧口を上方に上げた散布は避ける。

学習のまとめ

［害虫の種類と特徴］

・植物に被害をもたらす動物には様々なものがある。なかでも害虫，特に昆虫による被害が圧倒的に多い（チョウやガの幼虫・コガネムシ・アブラムシ・バッタ・カイガラムシ・ハバチ・アザミウマなど）。

・害虫を分類する場合，動物分類学上の分類と，加害様式による分類がある。

・害虫の口器は，大別するとバッタのように咀嚼性の口器を持った害虫と，カメムシのように吸汁性の口器を持った害虫がいる。

・食害とは，咀嚼性口器を持った害虫が植物の葉や茎などを食べて被害をもたらすことをいい，吸汁害とは，吸汁性の口器を持った害虫が樹木や葉などの汁液を吸うことにより被害をもたらすことをいう。

・食害性害虫は咀嚼性口器を持つ害虫で，昆虫類の大部分とナメクジ・カタツムリ・ダンゴムシなどがある。

・食性とは，動物が，どのような食物をいかなる方法で，どれほどの量を摂食するかという，生活・行動のありさまをいう。昆虫の食性を分類すると，植食性・肉食性・腐食性・雑食性に分類できる。

・吸汁性害虫は，植物の汁液を吸汁するのに適した吸汁性口器を持つもので，カメムシ目害虫のアブラムシやカイガラムシ，アザミウマ目害虫のアザミウマ，ハダニ，センチュウなどがある。

・アブラムシは植物のやわらかい新葉の裏面・新芽，草花のやわらかい茎・花・実などから汁を吸う。アブラムシの成虫の体長は１～２mmである。

・カイガラムシの雌は樹皮や枝の上に定着して成長するが，雄は翅を持ち移動性である。雌雄は全く違った形をして違った生活をする。

・アザミウマ（スリップスともいう）は，黄色の細長い小さな虫（成虫の体長は１～２mm）で，草花の新芽・花弁・若い葉や花木の花などから汁を吸う。幼虫も蛹も成虫に似た形である。

・ダニ目のなかで植物に寄生するものには，ハダニ，ホコリダニ，コナダニ，フシダニがあるが，庭園などの害虫としてはハダニが主なものである。

・ハダニの成虫は，0.5mm程度の小さいだ円形で８本の足があり，幼虫から成虫まで同じような形をしている。ハダニの被害を受けた葉は，ハダニが口器で葉の細胞から中身を吸い取るため，葉緑素がなくなった傷跡が白い斑点となって残り，葉の緑色の美しさが失われる。

・センチュウは糸状をした小さな動物（体長0.5mm程度）で，土の中や動植物の体内で生息しているため，通常肉眼で見ることができない。被害の症状によって初めて加害されていることが分かる。緑化植物で被害が問題となるものとして，根に寄生して加害するネグサレセンチュウ，ネコブセンチュウなどのほか，マツを枯らすマツノザイセンチュウなどがある。

・松枯れはマツノザイセンチュウの影響を受けて，マツが萎凋症状を起こし，急激に枯れる病気で，マツノマダラカミキリとマツノザイセンチュウを防除する方法がある。

・産卵のために草花の茎や植木の枝の先に傷をつける害虫がいるサンゴジュのモンクキバチ，サルスベリやバラなどのクロケシツブチョッキリ，バラのアカスジチュウレンジなどである。

・虫こぶをつくる害虫には，タマバエ・タマバチ・アブラムシ・キジラミ・タマワタムシ・ハバチ・スカシバガなどの昆虫やダニ類，センチュウ類など多くのものがある。虫こぶの種類のうちタマバエによるものが半数近くを占める。

・攻撃してくる害虫にスズメバチがある。スズメバチは黒色に強い反応を示すので，夏から秋にかけては白色の作業着が望ましい。また，ハチに刺された場合は速やかに医者の診断を受ける。

[害虫の同定・診断と防除]

・害虫の防除法には，次のものがある。

① 物理的防除法

② 耕種的防除法

③ 化学的防除法

④ 生物的防除法

・害虫の同定は，害虫を見つけて名前を確かめることである。害虫の診断は，被害の状況から害虫名を推定することもある。

・害虫の同定・診断は，次のようにして行う。

① 害虫や被害を見つけるための観察（葉・枝先・枝・幹に分けて観察し，被害があれば，その部分と付近を調べる）。

②　害虫を見つけた場合の処置（害虫を発見したら害虫名を確認），分からない場合は図鑑などで確認する。

③　害虫が見つからなかった場合の処置（食害や吸汁害による傷の様子，ふんや汚れなどを観察し害虫名を推定する）。

・主要な害虫の防除法は，害虫の加害の特徴，防除時期，防除方法などを理解しているか確認すること。

・植木の害虫の調査は，植木に害虫の発生と被害の発生があるかどうかを調査する。調査方法は，植木を部位別に加害の有無と併せて全体の色や形状なども調査する。

・植木の害虫を防除するには，防除暦を作成すると年間計画が立てやすい。しかし，環境問題や経費上，害虫の発生初期に発生場所周辺の散布にとどめる傾向もある。

春：春になって葉が出るころから害虫の活動が始まるので，若い枝を加害するアブラムシやチャドクガが発生したらすぐに防除する。

夏：夏の初めの６月～７月ごろと盛夏を過ぎた８月～９月ごろには，アメリカシロヒトリが発生するので，その防除を行う。この時期は一般にアメリカシロヒトリの防除を重点に作業をすることが多いが，これによって広葉樹に発生するケムシ類を防除できる。

植木の枝などにつくるスズメバチの巣は大きくならないうちに除去する。

秋：グンバイムシのように夏に活動を休止していた害虫や涼しくなってから発生が目立つようになる害虫（ハダニ類など）の発生に注意する。

冬：カイガラムシの休眠期防除やマツノザイセンチュウを予防するための樹幹注入剤処理と枯死木の伐採処置などを行う。

・植木に寄生するカイガラムシの防除は，卵からふ化した幼虫が移動する時期に殺虫剤を散布するか，冬期（植木の休眠期）にマシン油乳剤を散布する。

・アカマツ，クロマツなどマツ類の葉が赤く枯れる松枯れは，マツノマダラカミキリの媒介によってマツノザイセンチュウが寄生して起こる。

・せん孔性害虫の防除法には，産卵防止，卵の除去，ふ化幼虫の防除，せん入孔からの殺虫剤の注入などがある。

・芝草の害虫による被害の調査は，葉や茎の被害は，芝草の茎葉を近くで観察して調べる。コガネムシの幼虫などによる根の食害は，少し離れたところから色の変化を観察し，枯れたり生育の悪い部分があれば，土を掘って確かめる。

・芝草の主な害虫は，コガネムシ（根の食害），シバオサゾウムシ（茎と根の食害），スジキリヨトウ（葉の食害），シバツトガ（葉の食害）などである。

・草花の主要な害虫としては，土壌害虫と呼ばれる土の中で生活するヨトウムシ，ネキリムシがいる。これらの幼虫は，初め茎葉にいて葉などを食害し，大きくなると土の中に入って夜間だけ茎葉に上がって加害するので，葉や茎に被害を見つけても害虫が見つからないときは，付近の土の中に害虫がいないか調べる。

・草花の害虫防除は，春や秋の害虫の発生が多い時期に草花を植えるときは，殺虫剤の粒剤を土の中に入れてから移植する。害虫が発生してから防除する方法としては，殺虫剤を草花の茎葉に噴射するのが速効的で的確である。植え付け後に防除する方法としては，粒剤を草花の株元の土の中に散粒する。この方法は遅効的であるため害虫の発生前に処理する。

・殺虫剤の使い方は，茎葉処理と土壌処理に大別される。

茎葉処理：殺虫剤を水で薄めてから噴霧器で芝や草花の茎・葉と，植木の葉・枝・幹に散布する。

土壌処理：乳剤・水和剤を水で薄めてから土の表面に散布する灌注法と，粒剤・粉剤をそのまま土の表面に散布する散粒法・散粉法がある。

・殺虫剤の種類には，

① 接触毒剤

② 食毒剤

③ 吸入毒剤がある。

・散布液のつくり方は，殺虫剤のラベルに水で薄める方法，希釈倍数が記載されている。

・散布の仕方は，植物の茎葉の全体に均一に付着する程度の量を散布する。害虫が葉の裏側で加害したり，隠れていることが多いので，葉の表側だけでなく，裏側にも散布液が付着するようにする。

・薬剤散布は周囲の状況を把握して薬剤の飛散が生じないよう配慮する。

第5章
雑草の種類と特徴

日本は，温暖で多雨な気候のため雑草の繁殖条件が整っている。そのため雑草の種類も多く，また発生量も非常に多い。

日本の畑地で見られる雑草の種類は53科302種，水田で見られる雑草は43科191種，芝生地で見られる主な雑草は13科40種に及ぶといわれている。そのほとんどが広い地域に分布することができる植物（汎存種（はんぞんしゅ）という。）で，特定の地域に分布する固有種は極めて少ない。また外来の帰化植物[*1]も多く見られる。

一般に人が栽培を目的とする以外の植物を雑草と呼んでいる。したがって，本来，野に咲いている山野草も管理地に侵入することにより，雑草となる。庭園では，雑草でも人が鑑賞するために利用すれば雑草とは呼ばない。

雑草の害は栽培植物より生育が旺盛か，発芽や萌芽[*2]が早く始まるため，栽培作物を被圧（覆いかぶさり圧すること）するなど，雑草の繁茂によって栽培植物の生育を阻害することである。また，不自然に繁茂する雑草は極端に美観を損ね，不快害虫などの発生原因になるので，十分な雑草管理が必要になる。

また，一度雑草が侵入すると自然に消滅衰退することは少ない。

学習のねらい

1．雑草の分類法を学ぶ。
2．雑草の形態と生態を知る。
3．一年生雑草と多年生雑草の違いを学ぶ。
4．雑草を防除する目的を学ぶ。
5．除草するにはどのような方法があるかを学ぶ。
6．除草剤の正しい使い方を学ぶ。

＊1　**帰化植物**：植物のうち本来の自生地から人の媒介によって他の地域に移動し，しかもその後は，その地に自力で生存し得るに至る植物のこと。

＊2　**萌芽**：多年生雑草などの植物が栄養器官から芽を出すことをいう（111ページ【参考】を参照）。

第1節　雑草の種類

雑草は山野草や人里(ひとざと)植物[*1]とも呼ばれるもので，もともと自然界にあったものが人の管理する場所に侵入したとき「雑草」として扱われた。また管理の目的に不適当であれば防除の対象として「雑草」と名付けられるなど，その定義は多様である。

この教科書では，雑草を防除の対象植物として扱うが，庭園などの雑草はすべてが除草を必要とするものではなく，むしろ自然らしく雑草（季節感に富む雑草など）を野草として楽しむために残したり，草地・法面では雑草を上手に管理して地固めなどに積極的に利用することもある。

1．1　植物分類学による分類

植物の分類は，植物の形態をもとに「種」を基本単位として，種に類似したものをまとめて「属」と呼び，属に類似したものをまとめて「科」として，低次から高次に種(しゅ)→属(ぞく)→科(か)→目(もく)→綱(こう)→門(もん)の階級に分類される。ヨモギを例にとると，ヨモギ→ヨモギ属→キク科→キキョウ目→合弁花亜綱→被子植物亜門→種子植物門となる。

雑草の図鑑に用いられている名前は，普通名（日本では和名という）と学名である。そのほか別名や外国の普通名が書かれているものもある。

学名は世界共通の名前で，属と種小名をラテン語で表し，ヨモギは*Artemisia princeps*と呼ぶ。普通名は，国ごとにその国の言語で表したもので，日本では種ごとにつけた名前を和名（標準和名ともいう）といい，「ヨモギ」のようにカタカナで書く。別名は各地で用いられている呼び名であり，ヨモギの別名にはモチグサ，モグサなどがある。

表５－１に公園・庭園などに発生する雑草の例を示したが，ここでは種名を科名で分けて雑草の特徴を示している。

表中の実用上の区分では，イネ科雑草と広葉(ひろは)雑草[*2]に大別している。これらは雑草防除で用いられている名前で，除草剤の選択や散布方法を検討する際に役立つ。

＊１　**人里植物**：人によって改変・管理された耕地以外の人里に生える植物で，例えば，オオバコ・ツユクサ・メヒシバ・タンポポ・ヨモギ・ススキなどがある。

＊２　**広葉雑草**：非イネ科雑草ともいう。

表5－1　公園・庭園などに発生する雑草（例）

実用上の区分	科名	種　　名
イネ科雑草	イネ科	ススキ*，スズメノカタビラ，メヒシバ，チガヤ*，メリケンカルカヤ*，コブナグサ，チカラシバ*，タケ*，ササ*，オヒシバなど
広葉雑草	キク科	タンポポ*，ヒメジョオン，ヨモギ*，ハハコグサ，ハキダメギク，セイタカアワダチソウ，ブタクサ，ノゲシ，ウラジロチチコグサなど
	アブラナ科	タネツケバナ，スカシタゴボウ，ナズナなど
	マメ科	ヤハズソウ，シロツメクサ*，カラスノエンドウ，ミヤコグサ*，クズ*など
	タデ科	ハルタデ，イヌタデ，ギシギシ*，ヒメスイバ*，イタドリ*など
	カタバミ科	カタバミ*，ムラサキカタバミ*など
	ツユクサ科	ツユクサなど
	ナデシコ科	オランダミミナグサなど
	オオバコ科	オオバコ*，ヘラオオバコ*など
	カヤツリグサ科	カヤツリグサ，ヒメクグ*，ハマスゲ*など
	アカネ科	ヘクソカズラ*など
	ブドウ科	ヤブカラシ*など
	トクサ科	スギナ*など
	バラ科	ヘビイチゴ*など

（注）＊は多年生雑草を示す。

イネ科雑草は，植物分類学上のイネ科植物で，図5－1①のように葉の形が細く，葉脈が縦に平行して並んでいる雑草である。広葉雑草は，イネ科雑草以外のすべての雑草で，図5－1②のように葉の幅が広い雑草を指す。ただし，図5－6①のカヤツリグサ科の雑草や図5－2④のスギナの葉は細いが，広葉雑草に含まれる。

1．2　生育型による分類

雑草には様々な生育型[*1]があり，それらは雑草害や管理方法とも関係がある。例えば，芝生の雑草の場合，ロゼット型[*2]のタンポポは日光を遮って芝生の成長を阻害しながら繁殖するし，ほふく型[*3]のチドメグサは芝刈り機の歯が通る高さより下にあって刈り取られないため成長を続ける。このように，雑草は自然環境に適したものが繁殖するだけでなく，人の管理を逃れたものも繁殖する。

（1）　地上部の生育型による分類

雑草の地上部（茎葉）の主要な生育型には，図5－1①及び図②のように，直立型，分枝型，ほふく（匍匐）型，つる（蔓）型，そう（叢）生型[*4]，ロゼット型などがある。

＊1　**生育型**：地上部の全体的な形態と生育の様子を区分したもの。
＊2　**ロゼット型**：短い茎からたくさんの葉が水平に出ている。
＊3　**ほふく型**：ほふく茎が地表面をはい，根を発生する。
＊4　**そう生型**：多くの茎や葉が地表面で分かれている。

① **イネ科の形態**

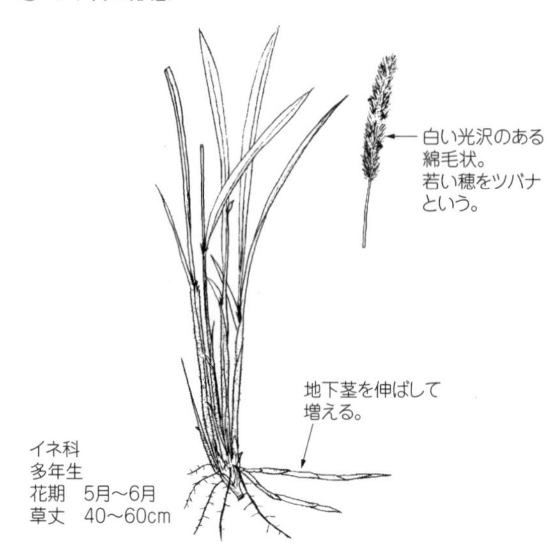

(a)　直立型（例：チガヤ）

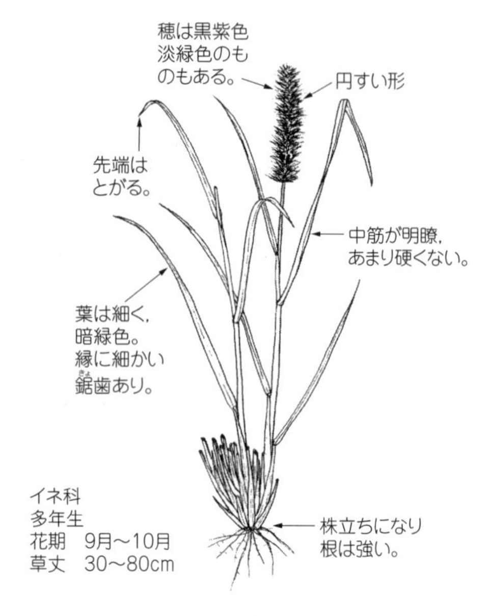

(b)　そう生型（例：チカラシバ）

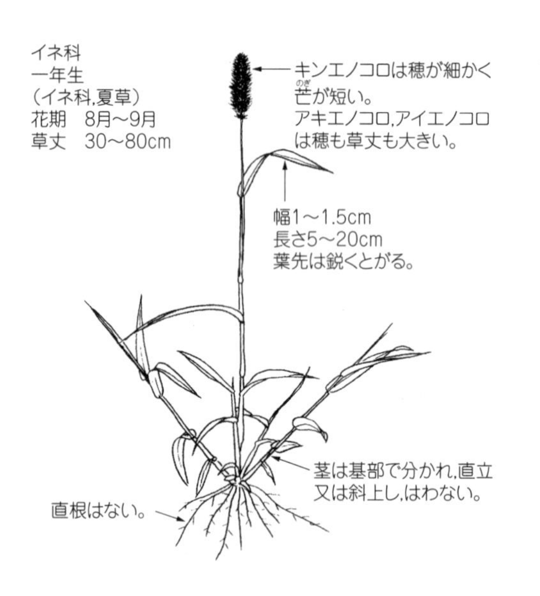

(c)　分枝型（例：エノコログサ）

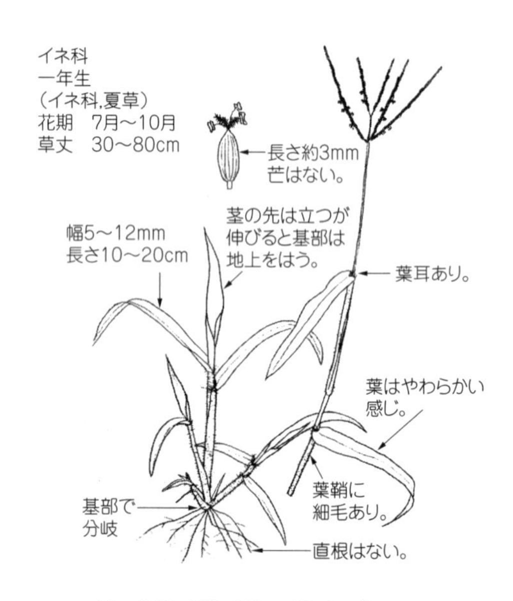

(d)　ほふく型（例：メヒシバ）

図５－１　地上部の生活型　（提供：鈴木　邦彦氏）

② 広葉雑草の形態

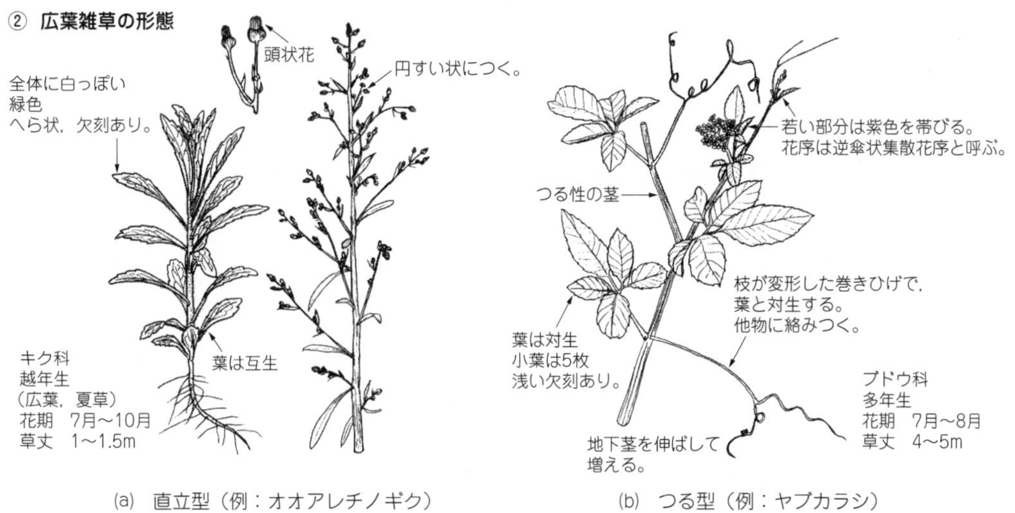

(a)　直立型（例：オオアレチノギク）

(b)　つる型（例：ヤブカラシ）

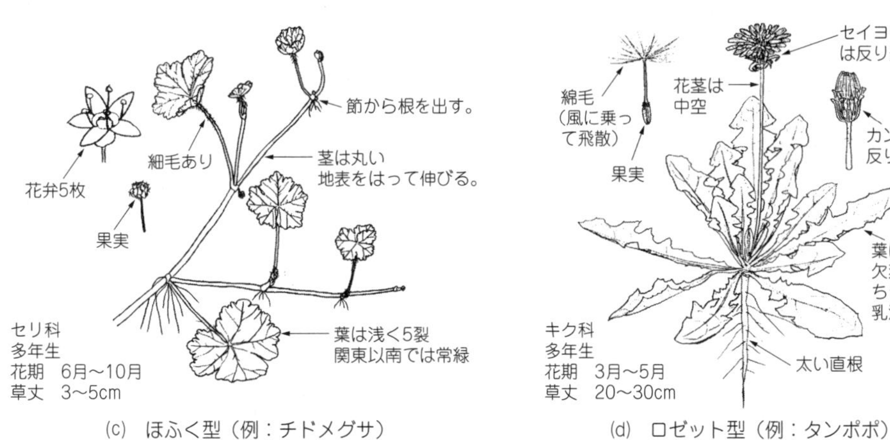

(c)　ほふく型（例：チドメグサ）

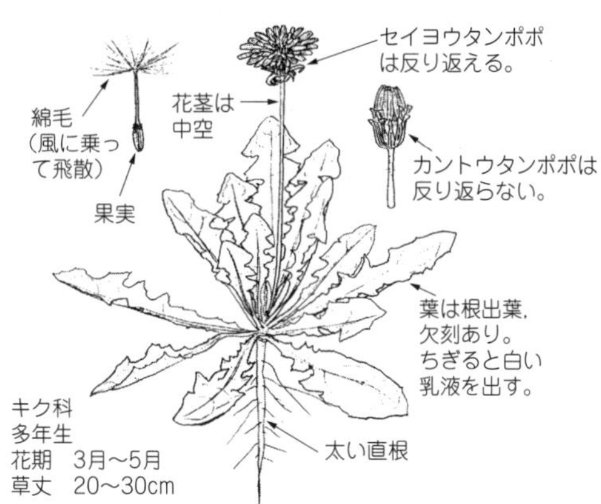

(d)　ロゼット型（例：タンポポ）

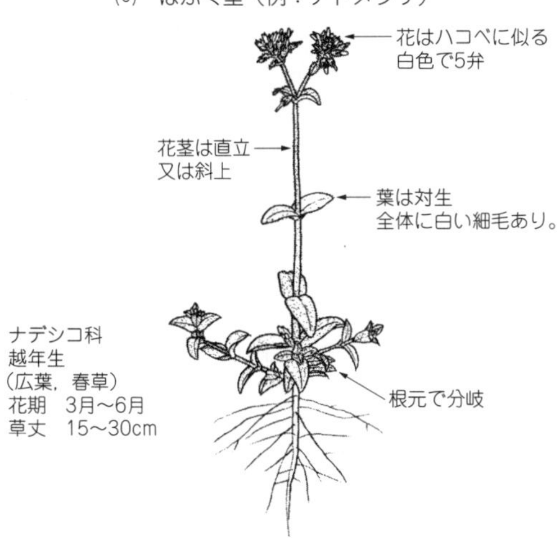

(e)　分枝型（例：オランダミミナグサ）

図５－１　地上部の生活型（つづき）（提供：鈴木　邦彦氏）

（2） 地下部（根）の形態による分類

雑草の根の形は種によって様々であるが，庭園などに多い雑草の根には，図5－2①～④のようなものがある。

① 主根が太く，まっすぐに伸びるもの（直根）

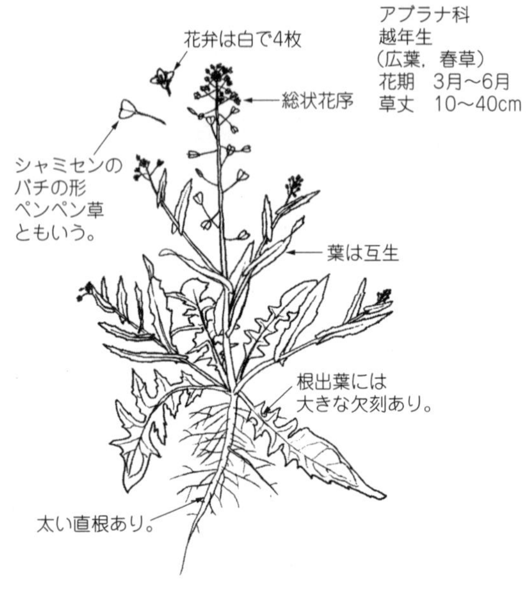

(a) 例：ナズナ

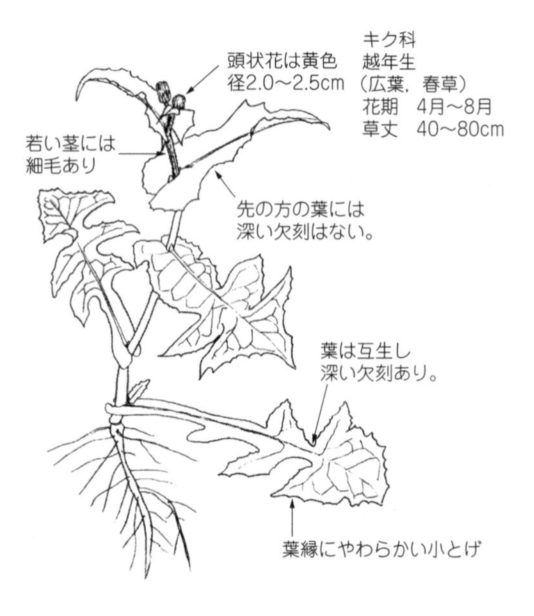

(b) 例：ノゲシ

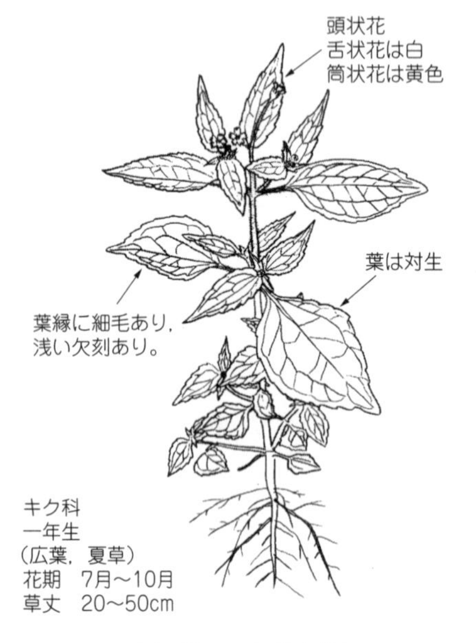

(c) 例：ハキダメギク

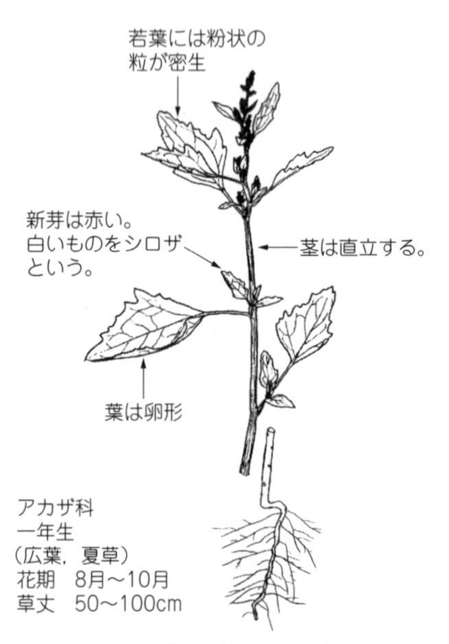

(d) 例：アカザ

図5－2　地下部の形態　（提供：鈴木　邦彦氏）

② 同じ太さの根が，茎の基部から四方に広がるもの

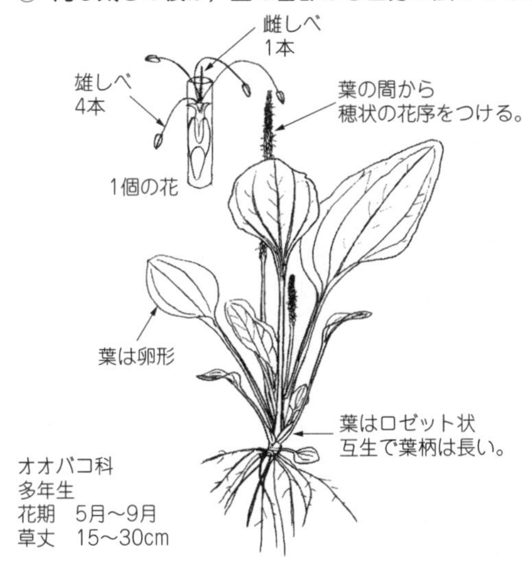

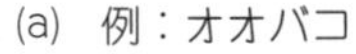

(a)　例：オオバコ

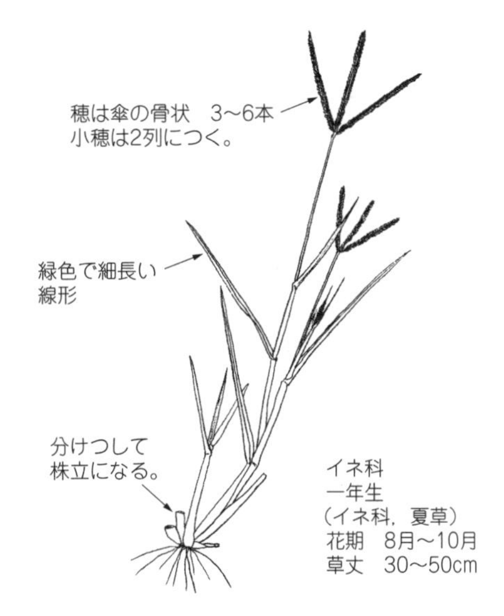

(b)　例：オヒシバ

③ 地表をはう茎や倒れた茎の節から土の中に根を伸ばすもの

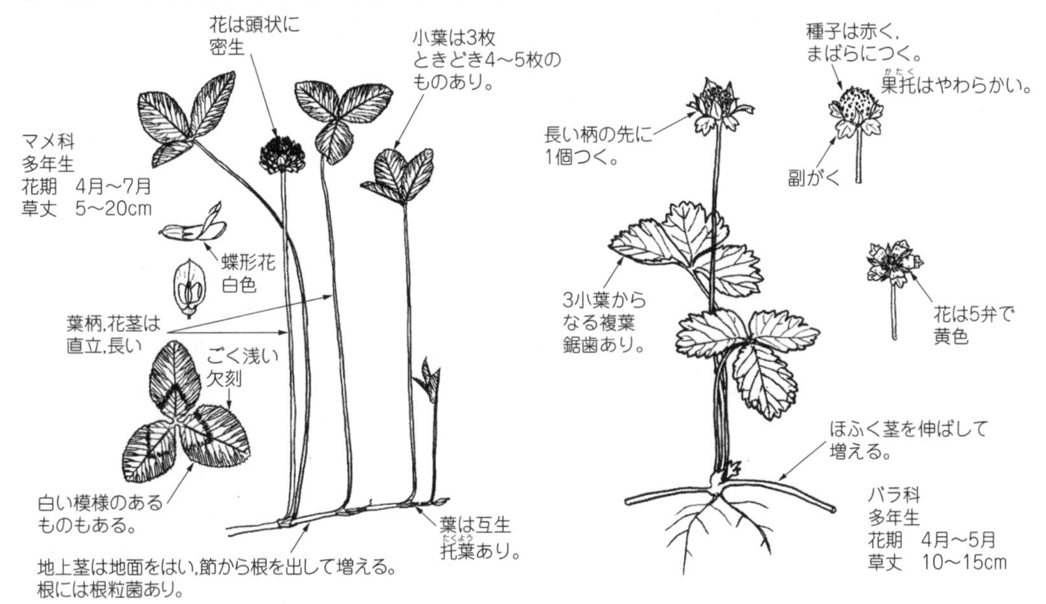

(a)　例：シロツメクサ　　　(b)　例：ヘビイチゴ

図５－２　地下部の形態（つづき）（提供：鈴木　邦彦氏）

④ **地下茎を伸ばし，その地下茎から細い根を出すもの**

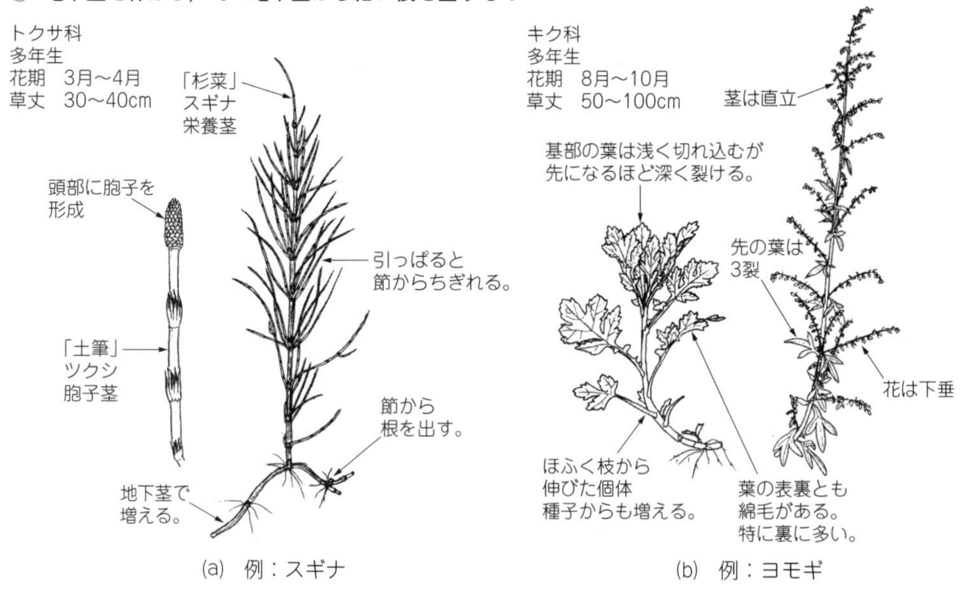

図５－２　地下部の形態（つづき）（提供：鈴木　邦彦氏）

１．３　一年生雑草と多年生雑草

（1）生育期間

雑草には，１年のうち生育に好適な時期と不適な時期がある。そのため雑草は好適な時期には地上に出て成長し，不適な時期には枯れて次の好適な時期まで根や種子で休眠[*1]する。このように雑草の一生の過ごし方を生活環で現すことができる。

生活環が１年間で終えて枯死するものを一年生雑草といい，２年以上続くものを多年生雑草という。また，生育している時期の違いによって，図５－３のように一年生雑草は，夏雑草と越年生雑草[*2]に区分され，多年生雑草も夏雑草と冬雑草に区分される。

一年生雑草と多年生雑草の大きな違いは，多年生雑草では，生育に不適な期間（例えば，夏雑草の冬，冬雑草の夏）になって茎葉が枯れても地下で生き続けていることである。

＊１　休眠：環境条件の悪化によって，成長や活動を一時的に停止した状態をいう。
＊２　越年生雑草：秋～冬に種子が発芽して栄養成長し，冬を越して翌年に開花・結実するもの。冬雑草又は二年生雑草ともいう。

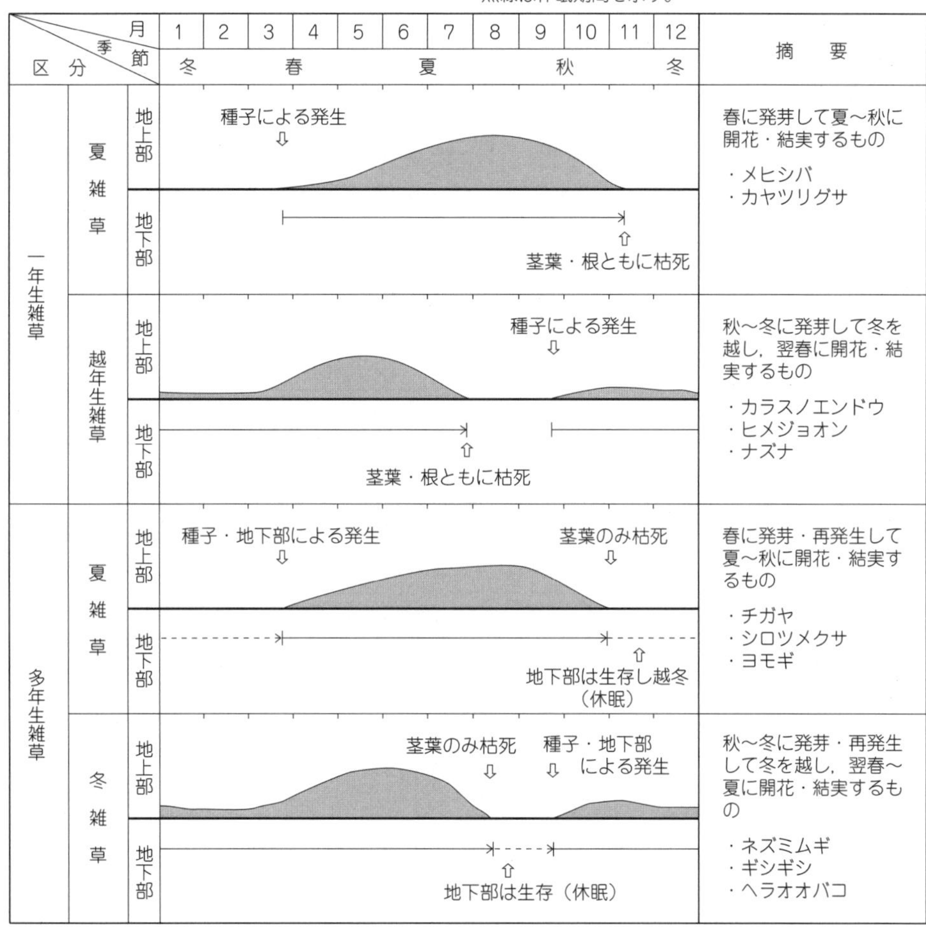

図５－３　雑草の生活環による区分と生育期間

（2）生　活　環

a．一年生雑草の生活環

一年生雑草の世代は，図５－４のように生育の好適な時期に種子からの発芽によって始まり，成長後開花して種子をつくったのち，生育の不適な時期になって茎葉と根が枯れて終える。種子は休眠後再び好適な時期が来たとき新しい個体に成長する。このサイクルが１年で終わるので，一年生雑草という。

一年生雑草は，種子によって世代を交代するので，種子をつくる前に除草すれば，個体数が増えないで，絶えてしまう雑草である。

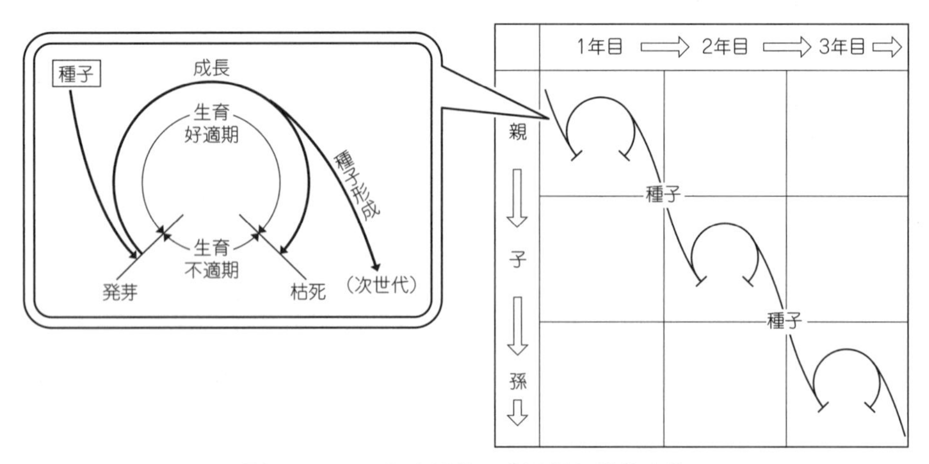

図5－4　一年生雑草の生活環と世代交代

b．多年生雑草の生活環

多年生雑草は，図5－5のように生育の不適な時期に地上の茎葉は枯れるが，地下にある根や根茎などは枯れることなく休眠する。その後，好適な時期になると萌芽して地上に現れる。同じ個体が2年以上にわたって発生を繰り返すので多年生雑草という。

多年生雑草のうちで地下で増殖するものは，個体数が増加しても目に見えない時期があるので，地上部が旺盛に生育を始める前に防除しないと根絶が難しい雑草である。

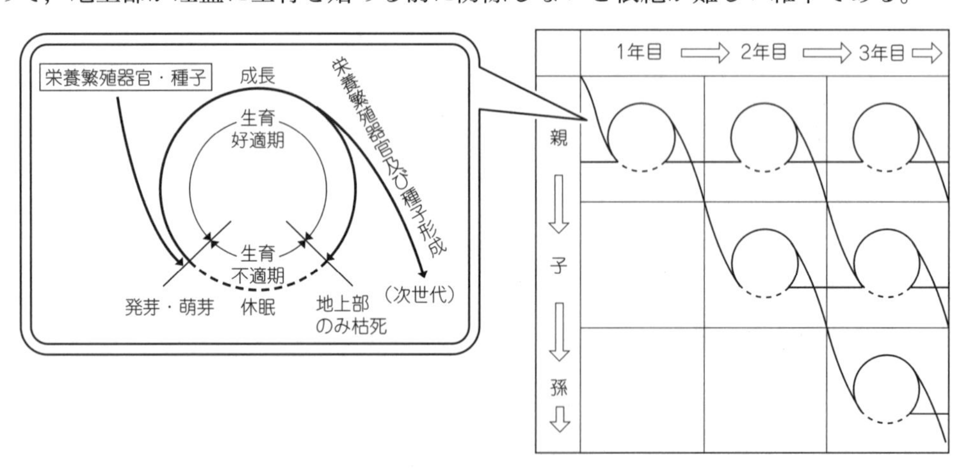

図5－5　多年生雑草の生活環と個体の増え方

【参考】植物が芽を出すときの呼び方

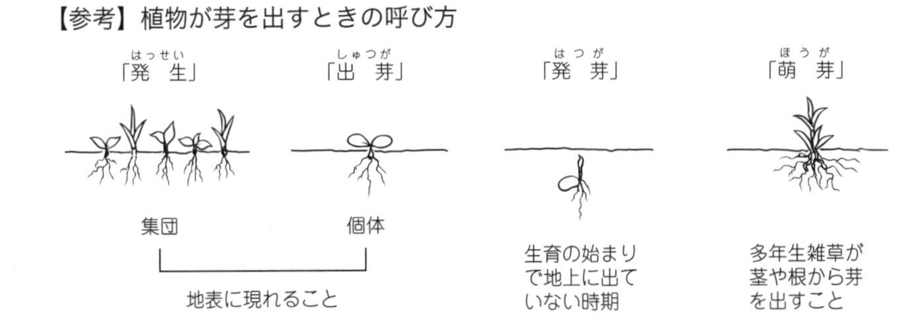

第2節　雑草の繁殖

雑草の繁殖には種子繁殖と栄養繁殖（植物の母体から分離した栄養器官の一部が発育して新しい個体となること）がある。

一年生雑草の繁殖は，種子による繁殖が主である。これに対して，多くの多年生雑草の繁殖は，種子繁殖のほかに，栄養繁殖を行うことが大きな特徴である。多年生雑草の繁殖法は次の4種類に分けられる。

①　栄養繁殖のみのもの

②　種子繁殖のみのもの

③　栄養繁殖と種子繁殖の両方のもの

④　その他：切断片で繁殖するもの

多年生雑草の栄養繁殖には，表5－2のように茎が繁殖器官となって増える種類（塊

表5－2　主な多年生雑草の繁殖器官と繁殖法

繁殖器官		繁殖法		
		栄養繁殖のみ	栄養繁殖と種子・胞子	種子のみ
栄養繁殖器官	塊茎		スギナ（胞子），ハマスゲ	
	鱗茎	ムラサキカタバミ		
	球茎・球芽		カラスビシャク	
	ほふく茎		ヘビイチゴ	
	根茎	ヒルガオ	イタドリ，セイタカアワダチソウ，チガヤ，ヨシ，ヤブガラシ，ヨモギ，クズ	
	横走根		ヒメスイバ，ワルナスビ	
	直根		ギシギシ，セイヨウタンポポ	
種子				オオバコ，ネズミムギ

茎，鱗茎，球茎，ほふく茎，根茎）と，根が繁殖器官となって増える種類（横走根，直根）がある。

また，多年生雑草のなかには，表５－３のように切断片で繁殖する草種がある。このような雑草は，除草作業や耕うん作業で根や地下茎が切断されると個体数が増えるので，注意しなければならない。

これらの形態は図５－６①，②のようになる。

表５－３　切断片からも増殖する草種

増殖部分	雑　草　名
ほふく茎	カタバミ，シロツメクサ，チドメグサ
根　茎	イタドリ，スギナ，セイタカアワダチソウ，チガヤ，ドクダミ，ヒメクグ，ヒルガオ，ヨシ，ヨモギ
横走根	ヒメスイバ，ワルナスビ
直　根	イヌガラシ，ギシギシ，タンポポ

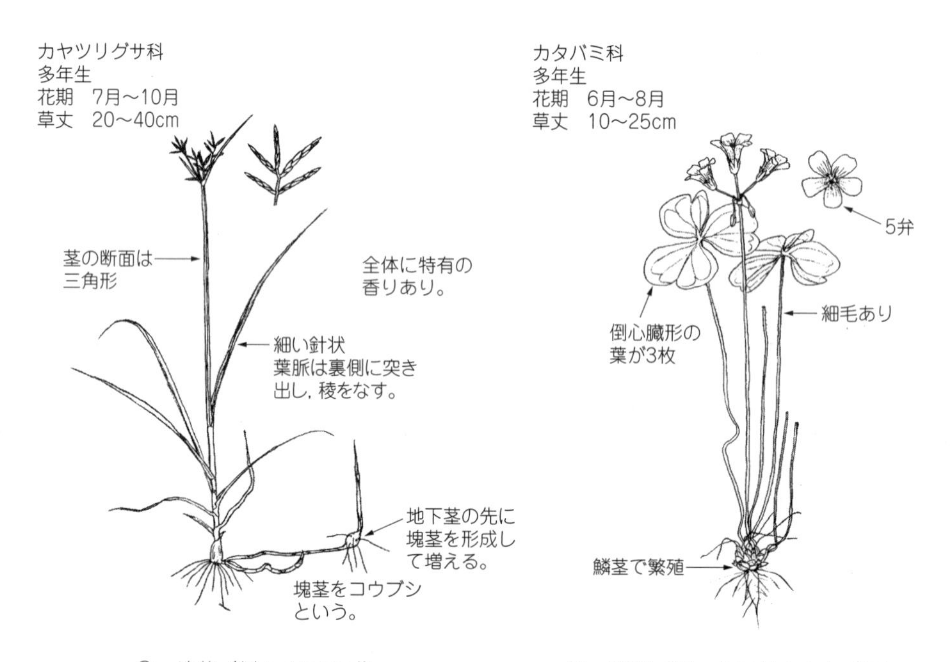

①　塊茎（例：ハマスゲ）　　②　鱗茎（例：ムラサキカタバミ）

図５－６　多年生雑草の栄養繁殖器（提供：鈴木　邦彦氏）

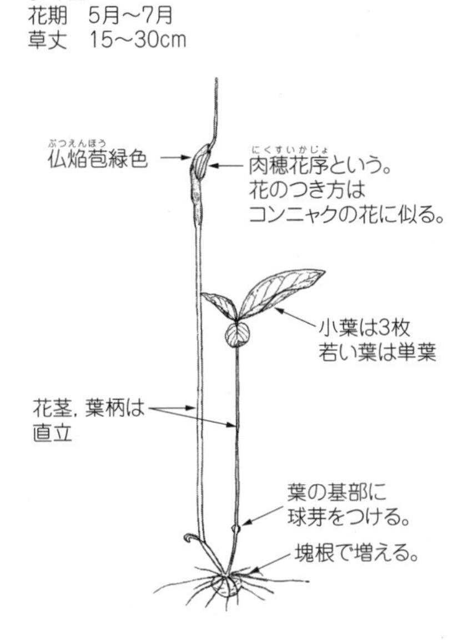

③　球茎：むかご（例：カラスビシャク）

④　根茎（例：ドクダミ）

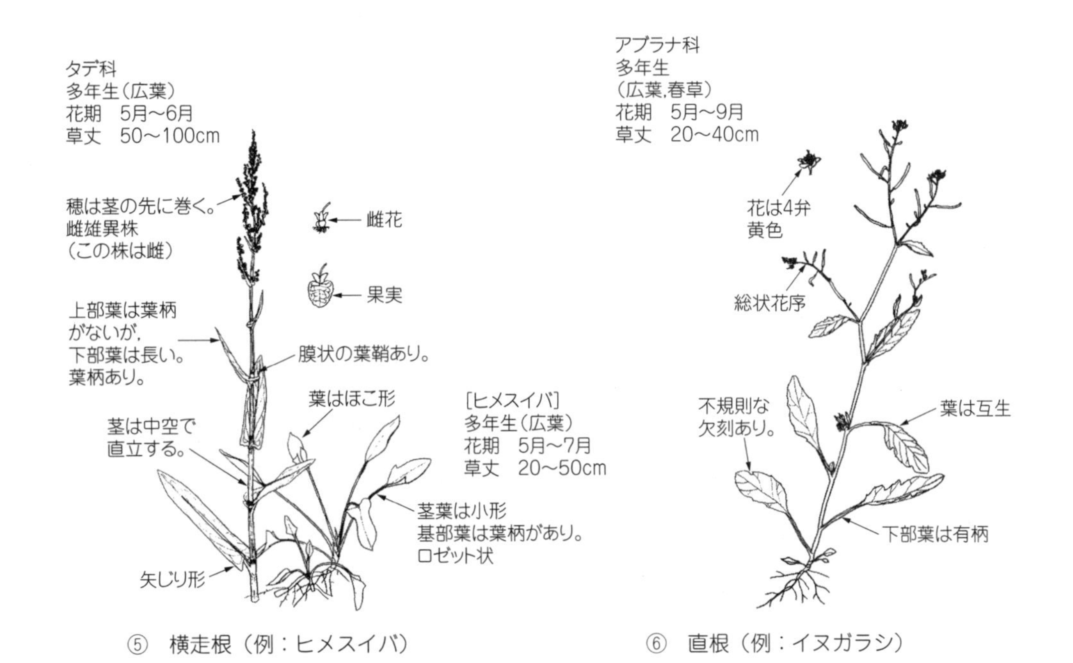

⑤　横走根（例：ヒメスイバ）

⑥　直根（例：イヌガラシ）

図５－６　多年生雑草の栄養繁殖器（つづき）（提供：鈴木　邦彦氏）

第3節　雑草の防除法

公園・庭園など，植木や花を観賞する場所では，美観の点から雑草がない状態を維持するか，又は雑草害から緑化植物を守る必要がある。また，雑草が繁茂することによって病害虫の発生源にもなり，ひいては防犯上の問題も生じる。そのため除草作業は緑地管理のなかで重要な仕事である。また，雑草の発生しやすい運動施設・レクリエーション施設のある大規模な公園では，利用目的に応じた雑草の管理が要求される。

これまで，庭園などでは除草剤の使用が一般的であったが，人や環境に対する安全上の問題で，その使用を避ける傾向にある。したがって，主として人力による抜根除草を行うので，多大な労力が必要となる。除草作業を省力的に行うには，雑草が発生しないようバークやチップを土に敷いたり，発生したら早期に抜根除草を行うよう心掛ける必要がある。

雑草を効率的に防除するには，発生する雑草の種類と生態を調べて，発生や増殖の時期を予測して登録のある薬剤を使用基準に従って，安全かつ必要な範囲にとどめた散布をすることも必要である。

3．1　防除の目的

雑草防除の目的は，緑化植物に対する雑草害を防止し，鑑賞が目的である緑地（公園・庭園・芝地）などの美観を保ち，人や環境の安全を確保することである。

庭園に植栽されている植物のなかで，雑草による生育阻害を受けやすいものには芝生と草花，移植直後の植木などがある。これらは，人による保護がなければ雑草に負けてしまい，成長を続けることができないので除草が必要となる。植木でも，クズやヤブガラシなどのつる性雑草が樹冠を覆って光合成を妨げるので枝枯れの被害が起こる。

公園などのように人が自由に出入りする場所では，利用者に対する花粉症などの雑草害や，雑草が繁茂しているために見通しが悪く，防災・防犯上の問題を発生させることもある。また，生垣の周辺や緑化植物の樹冠の下草にムラサキケマン，タケニグサ，ホウチャクソウなどのアルカロイド物質を多く含む有害な雑草が生えているところもあるので取除く必要もある。

3．2 防 除 法

雑草を防除する方法は，手段によって機械的防除法，化学的防除法，物理的防除法，耕種的防除法，生物的防除法の５つに分類できる。

（1） 機械的防除法

機械的防除法とは，機械や除草用具によって，雑草を根ごと抜き取ったり，刈り取ったりする方法で，最も一般的な方法である。しかし，緑地は美観を大切にすることから完全除草を行うので，雑草の管理に多くの労働力を必要とすることになり経済的負担が大きい。

① 抜取り除草

抜取り除草（抜取除草・手取り除草・手抜き除草ともいう）の長所としては，雑草を根ごと抜き取るので，雑草の再発生を防ぐための除草には，最もよい方法である。しかし，抜取り除草には適期があり，時期が早過ぎると小さくて抜き取ることが難しく，遅過ぎると根が地中に伸びて容易に抜き取ることができないなどの欠点もある。

多年生雑草の場合，雑草が定着してからでは根が地中で発達し，抜き取りにくいばかりでなく，それが増殖源となるものがあるので，常に巡視を行って雑草の侵入を見たらすぐに抜き取らなければならない。

② 刈取り除草

刈取り除草は，雑草が一定の草丈になるまで待って刈るので，庭園などの雑草が目立つと困る場所では実用性に乏しい。

大公園などでは，自然に繁茂する雑草を活用して土ぼこりの発生を防いだり，法面の土が崩れないように保護するなど，雑草を利用した管理方法（目的に合わせて草丈や草種を調整することもできる。）を行う。雑草地であっても刈取り回数を多くすれば，刈り取りに耐える雑草（草丈の低い草種）が優勢になってくるので，草地や草原として利用することが可能になる。

（2） 化学的防除法

農薬である除草剤は農地や芝生の雑草を省力的に除草でき，しかも雑草の発生を予防するのに最も有効なものである。特にチガヤ，スギナなどのように地中に深く根を伸ばす雑草を根絶するには，葉茎から吸収されて根に移行する性質のある除草剤が必要である。

除草剤以外のものでは，植物の草丈の伸長を止める植物成長調整剤（草丈伸長抑制剤・抑草剤ともいう）が利用されている。これは，雑草の伸長を抑制して，草刈り作業を少なくするために用いられている。

農薬の使用に当たっては農薬登録のある除草剤をその使用基準に基づいて散布する必要がある。

（3） 物理的防除法

物理的防除法とは，簡単な機械器具や資材を用いて雑草を防除する方法で，例えば，植物が必要とする光を遮ることで雑草を防除する方法や，熱で雑草を枯らす方法がある。

① マルチング

地表面を被覆材料で覆うことによって雑草を防除する方法である。園芸栽培では，作物の株元をプラスチックフィルムで覆うことにより，保温や乾燥の防止を兼ねて雑草の発生を防いでいる。

造園では，バーク＊1やチップ＊2などの植物資材を花壇に敷いたり，不織布などのシート（防草シート）を通路に敷いたりして，雑草の発生を押さえる目的に利用している。植木では，小さい苗を植え付ける場合に，根元を強化ダンボール・ベニヤ板・不織布などで覆って，雑草の発生を防ぐ方法がある。

② 熱による方法

山焼きなど，火炎放射器により雑草を焼く方法であり，地表面に落ちた雑草の種子や雑草についた害虫や病原菌も殺すことができる。しかし，野焼きは条例で禁止されているので，現在では実用性に乏しい。

草花の苗を生産するための用土は蒸気などで加熱して消毒するが，その際に雑草の種子も死んでしまうので雑草の発生防止に役立っている。

（4） 耕種的防除法

耕種的防除法とは，農作物の栽培管理をする際に雑草の生育に不利な状況をつくり，作物を有利に育てる方法である。

花壇では草花の植え替え前に土を耕うんして雑草を埋め込んでしまうことができる。

庭園などでは，枝が広がった植木や地被植物＊3を使って地面を覆い，雑草の発生を防止する。代表的なものとしては，横に枝を伸ばすコニファー類や地被植物（グランドカバープランツ）がある。

＊1 バーク：針葉樹などの樹皮片のこと。保温・保水・雑草の発生防止などの目的で地表面を覆ったり，植木や草花の美しさを引き立てるために株元に敷くもの。

＊2 チップ：剪定などによって生じた枝・葉を短く切断したもの。花壇や植木の植栽地で，保温・保水・雑草の発生防止などの目的で地表面を覆うのに使う。また，堆肥の原料としても用いる。

＊3 地被植物：地表面を覆う植物の総称である。土の表面を保護したり，庭園などを修景するために，芝草類・草本類・低木・つる性植物などが用いられる。

（５）　生物的防除法

生物的防除法とは，雑草の天敵生物を利用する方法である。ゴルフ場に発生するスズメノカタビラを防除するために，細菌のキサントモナス・キャンペストリス剤が利用されているが，庭園での利用法が確立したものはない。研究例としては，エゾノギシギシに対するコガタルリハムシの利用のように昆虫を利用するもの，特定の雑草だけが病気になる病原菌（アメリカクサネムの炭そ病菌）を使うものなどがある。

アレロパシー（他感作用といい，植物の生産する物質が異種の植物の発芽や生育に影響を与えること）による雑草の防除も研究が進められている。

第４節　緑化植物栽培地の雑草防除

４．１　樹木地の雑草防除

大きな植木の下では，繁茂した葉によって太陽光線が遮られるために，雑草の発生は少なくなり，防除は植木の周辺部分が対象となる。しかし，移植後の枝葉の少ない時期や，特にポット苗と呼ばれる幼木を植えた場合には，植木の周囲に雑草が発生して生育阻害の原因となるので防除が必要となる。

（１）　植木の周囲の除草方法

植木の周囲に発生する雑草を除草剤で除草する方法には，図５－７のように，雑草の発生を防ぐ方法と，雑草が発生した後に枯らす方法がある。

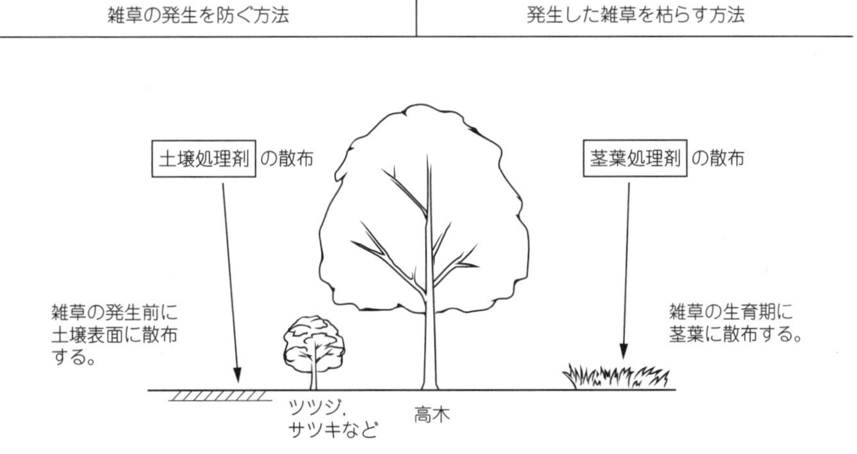

図５－７　植木の周囲の除草方法

土壌処理に使う除草剤には，植木の根から吸収されないか，吸収されても植木に安全な除草剤を選ぶこと。茎葉処理に使用する除草剤には，薬剤を植木に直接かけなければ危険はなく，土壌に落ちた薬剤は土に強く吸着して除草効果を失うか，分解してすぐに効力を失う除草剤を選ぶこと。

（2） 植栽予定地の除草方法

植木の幼木を移植した直後に，ヨモギ・ススキ・クズなどの多年生雑草が多発することがある。このような発生は，造成地に繁殖していたものが地中に残っていたためか，ほかから運ばれた土（客土）の中に雑草が入っていたために起こるものである。

移植予定地に多年生雑草が発生しているか，多年生雑草の根が混入していて発生するおそれがある場合には，移植後の除草作業を軽減するために，次のような方法で雑草を枯らしてから苗木を移植する。

① 茎葉処理剤によって防除する方法

多年生雑草の根に浸透移行する茎葉処理剤を散布して，雑草を枯らしてから移植する。

移植を急ぐ場合は，多年生雑草の茎葉が完全に枯れていないが，薬剤が根まで移行したのち（散布してから7～10日後）に整地してもよい。

② 耕うんして防除する方法

秋から冬に，多年生雑草の根や根茎などを耕うん機によって掘り出し，地表で寒風や日光にさらして枯らす。

4．2 芝生の雑草防除

庭園などに栽培されている芝生の品種は，一般に日本芝が用いられているが，北海道・東北北部・高冷地では西洋芝（寒地型芝草）が用いられている。また，気象条件などによって管理方法や除草方法が多様である。

この教科書では関東地方の庭園や公園などの日本芝について，雑草の発生と防除の関係を説明する。

（1） 雑草の種類と発生時期

日本の芝生に発生する雑草は70種ほどあり，毎年発生を繰り返すものはそのうちの半数であるといわれている。除草剤を定期的に散布している場所では大部分の雑草が発生できないために，薬剤処理と芝の刈り込みに耐える数種の雑草だけが見られるに過ぎない。

一方，野球場・レクリエーション広場などの利用度が激しい芝生では，部分的に芝生がなくなって裸地となり雑草の種類や量も多くなる。しかも，生育の競争相手が少なく栄養分が豊富なため雑草の成長は活発である。

芝生地内に発生する主な雑草の発生時期は，図５－８のように春と秋の２回である。

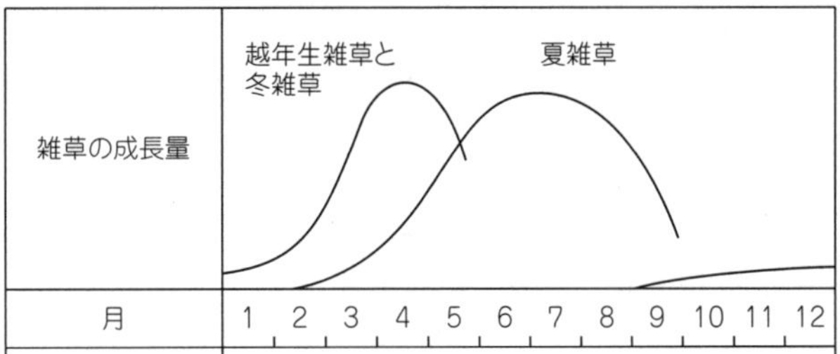

雑草の成長量		越年生雑草と冬雑草	夏雑草
月		1　2　3　4　5　6	7　8　9　10　11　12
雑草の種類		〈春に発生する雑草〉	〈秋に発生する雑草〉
イネ科雑草	一年生雑草	メヒシバ オヒシバ	スズメノカタビラ
イネ科雑草	多年生雑草	スズメノヒエ チガヤ	
広葉雑草	一年生雑草	カヤツリグサ ヤハズソウ コニシキソウ ツメクサ	ミミナグサ カラスノエンドウ オオイヌノフグリ アレチノギク ヒメムカシヨモギ ヒメジョオン ハハコグサ ハコベ
広葉雑草	多年生雑草	カタバミ チドメグサ ヒメクグ ハマスゲ オオバコ ヒメスイバ スギナ	シロツメクサ タンポポ スギナ ハルジョオン ヨモギ

図５－８　発生時期別の主要雑草

（2）防　除　法

芝生地における雑草防除は発生を防ぐことが基本である。したがって，一般に用いられている芝生用除草剤は，雑草の発生前から発生初期（１～２葉期ごろまで）に散布して雑草の発芽と成長を阻害し，発生を抑制する土壌処理剤である。

一方，クローバーやチドメグサなどの広葉雑草の場合は雑草が発生してから，その茎葉に薬剤を散布して枯死させる場合が多い。これを茎葉処理という。

芝生に用いる除草剤については，各都道府県が作成している「病害虫・雑草防除基準」又は「除草剤使用基準」のなかのゴルフ場農薬の指導を参考に選ぶとよい。

a．土壌処理剤による防除法

土壌処理剤の散布時期は，図５－９のように，春はメヒシバ，秋はスズメノカタビラの発生時期を目安として決める。これらの雑草は，他の雑草に比べて発生する時期が早く，また手取り除草が難しいので，発生前に除草剤を散布して確実に発生を防ぐためである。

土壌処理剤の効果は長期間持続するので，春と秋の散布によってその間の雑草の発生を抑えることができる。

散布は芝草の茎葉の上から行うので，除草剤が芝草に付着して地表面に到達するのを妨げられる。したがって，芝生用土壌処理剤を散布する場合は，散布水量をほかの場合に比べて多くする（200～300mℓ/m^2）。

また，メヒシバなど多くのイネ科雑草は3葉期以上になると適切な茎葉処理剤が少ないので，薬剤散布時期の把握が重要である。

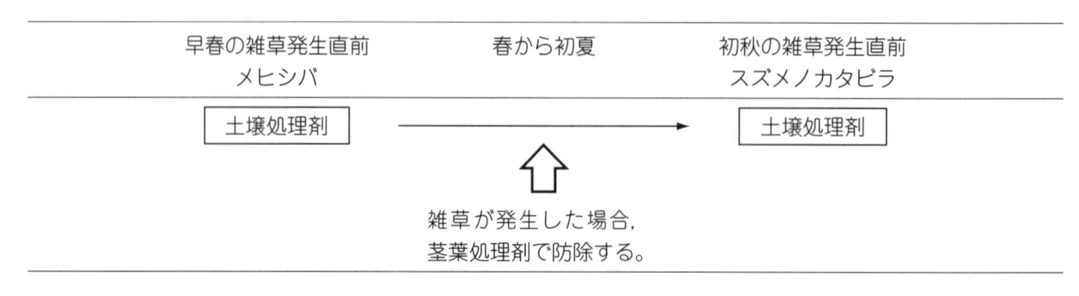

図5－9　土壌処理剤を主体とした雑草防除

b．茎葉処理剤による防除法

茎葉処理剤の散布は，土壌処理剤を散布した後に春から初夏にかけて発生した雑草を防除するための散布（図5－9）と，チドメグサ・ウラジロチチコグサなどの広葉雑草が繁茂したところに茎葉処理剤を散布することがある。

茎葉処理剤を主体とした防除は，単独で散布する場合と，土壌処理剤を混ぜて散布する場合がある。

4．3　花壇の雑草防除

花壇における草花の除草作業は，雑草が成長する期間である3月ごろ～11月ごろまで行われる。

庭園などの花壇では，一般に季節ごとに草花を植え替える管理が行われている。このような花壇での除草には，移植前の除草作業と移植後の除草作業がある。

① 移植前の除草作業

草花の植え替えは，年に4～5回程度行われるので，発生する雑草は一年生雑草が主なものである。植え替え前に多年生雑草が混ざって繁茂しているようであれば，それに有効な茎葉処理剤を散布し，根まで枯らしてから移植作業を行う。

② 移植後の除草作業

草花を植え替え後に除草する際の問題は，雑草が大きくなってから除草すると，手間がかかるだけでなく，草花の根を傷めるので避けなければならない。

なお，雑草の発生は，草花と草花とのすき間が空いている時期に多く，草花が繁茂してしまえば，それによって地面は太陽光線が遮られるために雑草の発生は少なくなる。これは雑草の種子が暗いところでは発芽しにくい性質を持っているためである。このような現象を光発芽性という。そこで移植の際，草花を高密度で植え付け，すき間をなくして雑草の発生を防ぎ，除草作業を軽減することも行われている。

第５節　除草剤の使い方

５．１　除草剤の使い方

除草剤を選ぶ際には，使用場所，雑草の種類，散布法などを考慮し，農薬販売店などで相談して農薬登録のある除草剤のなかから適切なものを選ぶ。

（１）　使用場所による選び方

除草剤を散布する場所による分類は，次のようになる。また，芝生の中では芝生用除草剤，空地で使用する緑地用（空地を含む）の茎葉処理剤，土壌処理剤などがある。

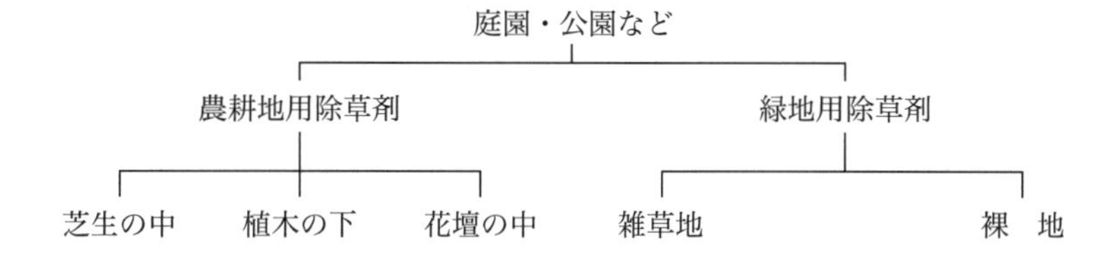

（２）　雑草の種類による選び方

除草の対象となる草種によって，除草剤は次のように分類できる。一般に，全ての雑草に有効な非選択性除草剤を使うことが多い。

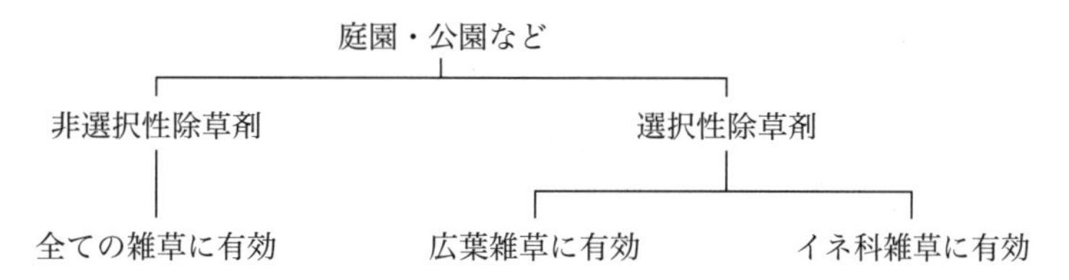

（3） 散布法による選び方

庭園などで使われている除草剤は，散布時期や散布法によって図５－10のような種類がある。除草剤の種類による散布の適期や散布方法を誤らないよう注意する。

	除草剤の種類	散布法	散布したときの状態 ⟶ 枯死した状態
① 雑草が発生する前に散布して，発生を防ぐ除草剤	土壌処理剤	 雑草種子	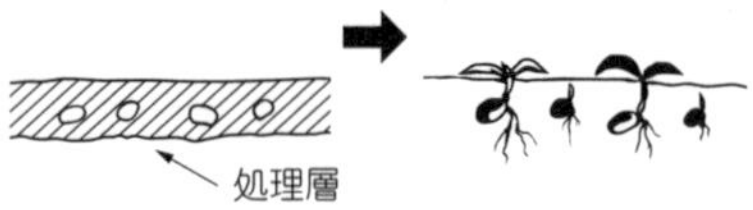 処理層
② 生育している雑草に散布して枯らす除草剤	茎葉処理剤	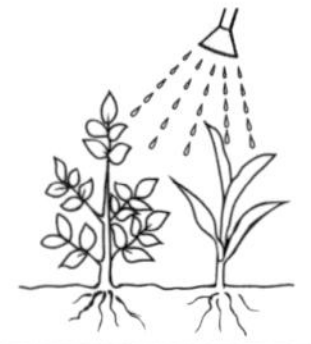	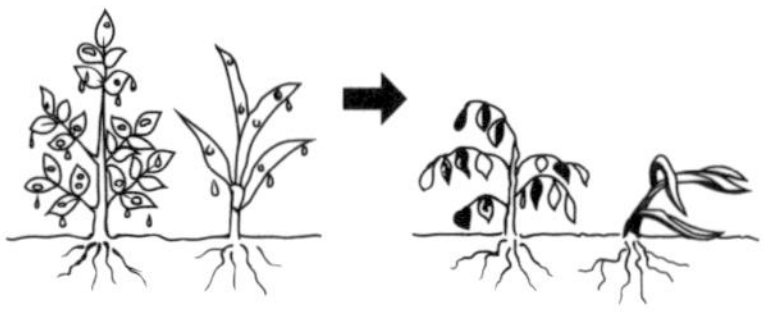
③ 雑草が発生を始めた時期に散布して，発生した雑草と後から発生するものを枯らす除草剤	茎葉兼土壌処理剤	 雑草種子	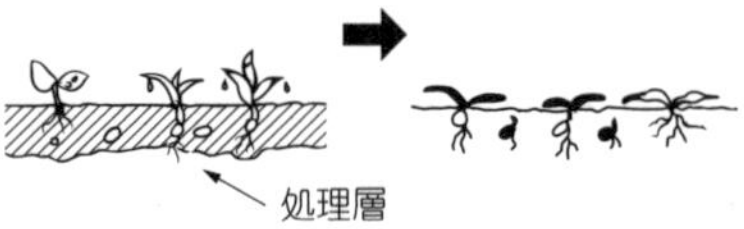 処理層

図５－10　散布法による除草剤の分類

（4） 展着剤の加用

図５－11のように雑草の葉や茎には毛が生えていたり，葉の表面が滑らかで水をはじくなど，散布液が付着しにくいものがある。そのため，葉に散布する茎葉処理剤では，薬液の付着をよくするために展着剤を加えることがあるが，展着剤の使用に当たっては除草剤，展着剤双方のラベルの表示に従う。

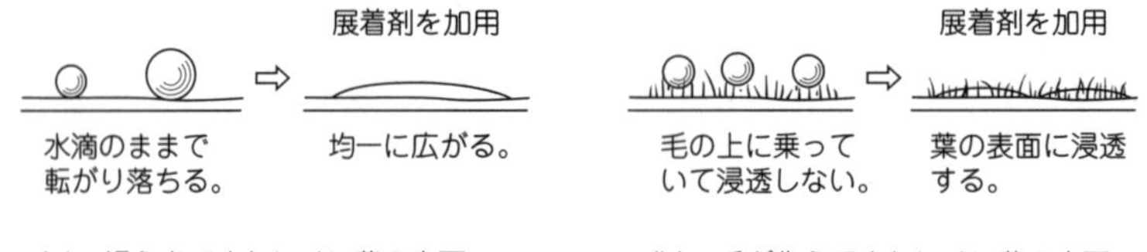

図５－11　展着剤の効果

（5） 混用の注意

薬剤ごとの特徴を生かして，除草剤の効力を高めるために，２種類以上の除草剤を混ぜ

て使うことがある。このような使い方を混用という。この方法は便利ではあるが，混用するときは次のような点に注意が必要である。

① 混用する薬剤の種類は，薬害の発生を避けるためできるだけ少なくし，２種類の混合にとどめる。

② 水で薄める作業は散布直前に行い，散布液をつくってから長時間放置しない。これは，除草剤と除草剤が反応して沈殿することもあるので，このようなことが起こらないようにするためである。

③ 混用してよいかどうか分からない場合には，販売店などに問い合わせて確認する。

5．2　薬害の発生防止

緑地用除草剤は，薬液が緑化植物に付着すると薬害を生じることもあり，殺虫剤・殺菌剤に比べ特別の注意が必要である。

また，緑地用除草剤は農作物を栽培していないところに発生する雑草を防除する薬剤なので，農作物に対する安全性（薬害の有無，農薬残留など）が確認されていない。したがって事前調査によって処理区域周辺に農作物がある場合は，飛散によって事故を起こさないよう注意する。

除草剤を散布するに当たっては次のような注意が必要である。

① 除草剤に使用する散布器具は，殺虫剤・殺菌剤などと共用しない。

② 植木や草花の近くで散布する場合は，散布器の噴霧圧を下げたり低圧散布器を使用して，薬剤の飛散によって枯らすことがないよう注意する。

③ 散布作業を終えたら薬液が残らないよう散布器具を十分に水で洗う（３回以上繰り返す)。特にホース内に薬液が残り薬害を起こすことが多いので注意すること。

④ 除草剤は，気象条件や生理的変化によって作物に薬害を起こすことがあるので注意する。例えば芝生では高温の時期の散布や芝草の芽の出るころの散布は避ける。

⑤ 非選択性の土壌処理剤では，樹木や草花がその根から薬剤を吸収して枯れることがあるので，処理区域と隣接している樹木との距離を十分に取る。特に傾斜地で使用する場合は，雨によって薬剤が流れ出して薬害を起こすことがあるので，下方に農作物や緑化植物があるときは使用を避けるか，十分に注意して使用する。

学習のまとめ

［雑草の種類と繁殖］

・人が栽培を目的とする以外の植物を雑草と呼んでいる。

・雑草の分類は，除草剤の適用範囲を示すのに便宜的に使われている。その場合すべての雑草はイネ科雑草と広葉雑草の2つに分けて扱われる。

・雑草の地上部（茎葉）の主要な生育型には，直立型・分枝型・ほふく型・つる型・そう生型・ロゼット型などがある。

・地下部の主要な形態には

(a)　主根がまっすぐに伸びるもの

(b)　茎の基部から四方に広がるもの

(c)　地表面の茎から根を伸ばすもの

(d)　地下茎から根を出すもの

などがある。

・一年生雑草は，生活環が1年間で終えて枯死するもので，その繁殖法は，種子による繁殖のみである。

・多年生雑草は，生活環が2年以上続くもので，その繁殖法は，雑草の種類によって

①　栄養繁殖

②　種子繁殖

③　栄養繁殖と種子繁殖の両方のもの

④　その他（切断片で繁殖するもの）

の4通りがある。

・多年生雑草の栄養繁殖には，茎が繁殖器官となって増える種類（塊茎，鱗茎，球茎，ほふく茎，根茎）と根が繁殖器官となって増える種類（横走根，直根）がある。

・多年生雑草のなかには，切断片で繁殖する草種がある。このような雑草は，根や茎が切断されると，その切断片からも再生することができる。

［雑草の防除と除草剤の使い方］

・雑草の防除の目的は，緑化植物に対する雑草害を防止し，鑑賞が目的である緑地（公園・庭園・芝地）などの美観を保ち，人や環境の安全を確保するためである。

・雑草の防除法には，手段によって５つに分類することができる。
① 機械的防除法
② 化学的防除法
③ 物理的防除法
④ 耕種的防除法
⑤ 生物的防除法
・植木の周囲での除草剤の使い方には，土壌処理剤を散布して雑草の発生を防ぐ方法と茎葉処理剤を散布して雑草の生育期に茎葉を枯らす方法がある。
・移植予定地にヨモギ，ススキ，クズなどの多年生雑草が発生している場合には，根に浸透移行する茎葉処理剤を散布したり，冬に耕うん機によって根茎などを掘り出し，地表で寒風や日光にさらして枯らす。
・日本の芝生に発生する雑草は約70種あるが，毎年発生を繰り返すものはその半数といわれている。
・芝生用除草剤は，雑草の発生前に地表面に散布することにより，後から発生する雑草を防除できる土壌処理剤と，雑草の茎葉に散布する茎葉処理剤がある。
・花壇における草花を移植した後の除草作業は，主に手取り作業で行う。
・花壇での移植前の除草作業は，花壇に多年生雑草が混ざっているようであれば，それに有効な茎葉処理剤を散布し，枯らしてから移植作業を行う。
・雑草の発生は，草花と草花とのすき間が空いている時期に多く，草花が繁茂してしまえば，それによって太陽光線が遮られるので雑草の発生は少ない。これは，雑草の種子が暗いところでは発芽しにくい性質を持っているためである。このような現象を光発芽性という。
・除草剤は，使用する場所によって，農耕地用除草剤と緑地用除草剤に分かれる。
・除草剤は，選択性除草剤と非選択性除草剤がある。選択性除草剤には広葉雑草に有効なものとイネ科雑草に有効なものがある。
・除草剤は，散布法によって土壌処理剤，茎葉処理剤，茎葉兼土壌処理剤に分けられる。
・水で薄める作業は散布直前に行い，散布液をつくってから長時間放置しない。
・薬剤散布区域周辺に農作物があるか事前に調査し，散布時に風下に農作物があるときは使用を避けるか十分注意して使用する。

参考資料1　農薬に関する法規

農薬に関する法規としては，農薬取締法，毒物及び劇物取締法，消防法，食品衛生法などがある。それらのなかから，庭園などにおいて農薬を散布する際に関連する事項を説明する。

1．農薬取締法

a．農薬取締法の目的

農薬取締法の第一条では，この法律の目的について次のように規定している。

> 第一条　この法律は，農薬について登録の制度を設け，販売及び使用の規制等を行なうことにより，農薬の品質の適正化とその安全かつ適正な使用の確保を図り，もつて農業生産の安定と国民の健康の保護に資するとともに，国民の生活環境の保全に寄与することを目的とする。

この法律は，登録の制度を設けたり，販売及び使用の規制などを行うことによって，「農薬の品質の適正化」と「安全かつ適正な使用の確保」を図るためのものであり，さらに「農業生産の安定」「国民の健康の保護に資する」「国民の生活環境の保全に寄与する」ことを目的としていることを明らかにしている。

したがって，植木・芝生・草花の病害虫・雑草防除に農薬を使うときには，農薬登録の際に定められた使用方法に従って適正に使うよう努めなければならない。

b．農薬の登録

農薬の登録制度について，次のように規定している。ただし，特定農薬*についてはこの限りではないとされている。

> 第二条　製造者又は輸入者は，農薬について，農林水産大臣の登録を受けなければ，これを製造し若しくは加工し，又は輸入してはならない。(以下　略)
> 2～6（略）

＊　特定農薬：その原材料に照らし農作物など，人畜及び水産動植物に害を及ぼすおそれがないことが明らかなものとして農林水産大臣及び環境大臣が指定する農薬である。

c．販売者に関する事項

(a) 販売者の届出

造園業者や防除業者が農薬を販売すると「販売者」として扱われるので，あらかじめ都道府県知事に販売者の届出をしなければならない。

> 第八条　販売者（製造者又は輸入者に該当する者（専ら特定農薬を製造し若しくは加工し，又は輸入する者を除く。）を除く。次項，第十三条第一項及び第三項並びに第十四条第四項において同じ。）は，その販売所ごとに，次の事項を当該販売所の所在地を管轄する都道府県知事に届け出なければならない。
> 一　氏名及び住所
> 二　当該販売所
> 2　販売者は，前項の届出事項中に変更を生じたときもまた同項と同様に届け出なければならない。
> 3　前二項の規定による届出は，新たに販売を開始した場合にあつてはその開始の日までに，販売所を増設した場合にあつてはその増設の日から二週間以内に，第一項の事項中に変更を生じた場合にあつてはその変更を生じた日から二週間以内に，これをしなければならない。

(b) 販売の制限又は禁止

農薬登録の登録番号，農薬の種類名，適用病害虫の範囲や使用方法など12項目の表示のある農薬及び特定農薬以外の農薬を販売してはならない。農薬でない除草剤を販売する場合は，容器や店舗などにも農耕地で使用できないことを表示する義務がある。

> 第九条　販売者は，容器又は包装に第七条（第十五条の二第六項において準用する場合を含む。以下この条及び第十一条第一号において同じ。）の規定による表示のある農薬及び特定農薬以外の農薬を販売してはならない。
> 2～4（略）

（c） 帳簿の記載と保存

> 第十条　製造者，輸入者及び販売者（専ら自己の使用のため農薬を製造し若しくは加工し，又は輸入する者その他農林水産省令で定める者を除く。）は，帳簿を備え付け，これに農薬の種類別に，製造者及び輸入者にあつてはその製造又は輸入数量及び譲渡先別譲渡数量を，販売者（製造者又は輸入者に該当する者を除く。第十四条第二項において同じ。）にあつてはその譲受数量及び譲渡数量（第十二条の二第一項の水質汚濁性農薬に該当する農薬については，その譲受数量及び譲渡先別譲渡数量）を，真実かつ完全に記載し，少なくとも三年間その帳簿を保存しなければならない。

d．農薬使用の指導

都道府県では，農薬の取扱い及び使用時の安全性を確保するために，農薬使用者に対する研修会や資格の認定を行っている。緑化植物の保護管理に関する資格は「農薬管理指導士」（一部の県では名称が異なる）で，販売業者，防除業者，ゴルフ場における農薬使用管理責任者の資質向上を図るための認定である。

また，関係団体による指導者の養成を目的とした研修会と資格の認定も行われている。

> 第十二条の三　農薬使用者は，農薬の使用に当たつては，農業改良助長法（昭和二十三年法律第百六十五号）第八条第一項に規定する普及指導員若しくは植物防疫法（昭和二十五年法律第百五十一号）第三十三条第一項に規定する病害虫防除員又はこれらに準ずるものとして都道府県知事が指定する者の指導を受けるように努めるものとする。

2．毒物及び劇物取締法

毒性の強い化学物質は，取扱いを誤ると人に大きな危害を及ぼすおそれがあるので，毒物及び劇物取締法では毒物及び劇物に指定し，これらの製造，輸入，販売，表示，譲渡や廃棄などについて規制をしている。

a．目　的

第一条　この法律は，毒物及び劇物について，保健衛生上の見地から必要な取締を行うことを目的とする。

b．毒物・劇物の定義

第二条　この法律で「毒物」とは，別表第一に掲げる物であつて，医薬品及び医薬部外品以外のものをいう。

2　この法律で「劇物」とは，別表第二に掲げる物であつて，医薬品及び医薬部外品以外のものをいう。

3　この法律で「特定毒物」とは，毒物であつて，別表第三に掲げるものをいう。

c．販売業者の届出

販売業者が毒物や劇物を販売するには，「販売業の登録」が必要となる。

この届出は，農薬取締法の「販売者の届出」とは別のものなので，注意しなければならない。その際の，販売業の登録の種類は，農薬を販売するのであれば「農業用品目の登録」である。

第三条　毒物又は劇物の製造業の登録を受けた者でなければ，毒物又は劇物を販売又は授与の目的で製造してはならない。

2　(略)

3　毒物又は劇物の販売業の登録を受けた者でなければ，毒物又は劇物を販売し，授与し，又は販売若しくは授与の目的で貯蔵し，運搬し，若しくは陳列してはならない。但し，毒物又は劇物の製造業者又は輸入業者が，その製造し，又は輸入した毒物又は劇物を，他の毒物又は劇物の製造業者，輸入業者又は販売業者（以下「毒物劇物営業者」という。）に販売し，授与し，又はこれらの目的で貯蔵し，運搬し，若しくは陳列するときは，この限りでない。

d．毒物劇物取扱責任者

第七条　毒物劇物営業者は，毒物又は劇物を直接に取り扱う製造所，営業所又は店舗ごとに，専任の毒物劇物取扱責任者を置き，毒物又は劇物による保健衛生上の危害の防止に当たらせなければならない。ただし，自ら毒物劇物取扱責任者として毒物又は劇物による保健衛生上の危害の防止に当たる製造所，営業所又は店舗については，この限りでない。

2　毒物劇物営業者が毒物又は劇物の製造業，輸入業又は販売業のうち二以上を併せ営む場合において，その製造所，営業所又は店舗が互に隣接しているとき，又は同一店舗において毒物又は劇物の販売業を二以上あわせて営む場合には，毒物劇物取扱責任者は，前項の規定にかかわらず，これらの施設を通じて一人で足りる。

3．消　防　法

消防法では，発火性や引火性を持つ危険物の種類及び指定数量を決め，取扱いについて様々な規制を行っている。

農薬では，有効成分の性質から指定された酸化性固体（第1類）や可燃性固体（第2類）と，引火性液体（第4類）の希釈剤などを含む乳剤，油剤の一部製品が，危険物として指定されている。

a．目　的

第一条　この法律は，火災を予防し，警戒し及び鎮圧し，国民の生命，身体及び財産を火災から保護するとともに，火災又は地震等の災害による被害を軽減するほか，災害等による傷病者の搬送を適切に行い，もつて安寧秩序を保持し，社会公共の福祉の増進に資することを目的とする。

b．危険物の品目

第二条　この法律の用語は左の例による。
2～6（略）
7　危険物とは，別表第一の品名欄に掲げる物品で，同表に定める区分に応じ同表の性質欄に掲げる性状を有するものをいう。
8～9（略）

c．指定数量

第十条　指定数量以上の危険物は，貯蔵所（車両に固定されたタンクにおいて危険物を貯蔵し，又は取り扱う貯蔵所（以下「移動タンク貯蔵所」という。）を含む。以下同じ。）以外の場所でこれを貯蔵し，又は製造所，貯蔵所及び取扱所以外の場所でこれを取り扱つてはならない。ただし，所轄消防長又は消防署長の承認を受けて指定数量以上の危険物を，十日以内の期間，仮に貯蔵し，又は取り扱う場合は，この限りでない。
2～4　（略）

指定を受けた農薬は，指定数量を超える量を貯蔵する場合，許可を受けた貯蔵所に貯蔵しなければならない。また，指定を受けた農薬の指定数量を超える量を取り扱う場合には，許可を受けた取扱所，製造所及び貯蔵所以外の場所で取り扱ってはならない。

4．食品衛生法

食品衛生法との関係は，食品中の農薬残留に関するものである。

a．食品衛生法の目的

食品衛生法の第一条には，この法律の目的について次のように規定している。

第一条　この法律は，食品の安全性の確保のために公衆衛生の見地から必要な規制その他の措置を講ずることにより，飲食に起因する衛生上の危害の発生を防止し，もつて国民の健康の保護を図ることを目的とする。

b．残留農薬基準

食品衛生法により，食品の残留農薬に関する規制を強化するためのポジティブリスト制度が導入された。これは，農薬などの残留成分が一定量（一律基準として0.01ppm）以上含まれる食品の流通を原則禁止する制度である。

これまで，農薬の残留基準が定められていない農薬が食用農作物に残留していても基本的に流通の規制を受けることがなかったが，この制度の導入によって隣接地での食用農作物が農薬の飛散で汚染し基準値を超えると流通を禁止されることになった。

したがって，近隣に食用農作物が栽培されている散布区域で，飛散しやすい液剤散布や粉剤散布を行う場合には，汚染事故を起こさないよう十分注意しなければならない。

参考資料２　主要な病気の診断と防除

植物名・病害名索引（五十音順）

「主要な病気の診断と防除」の読み方

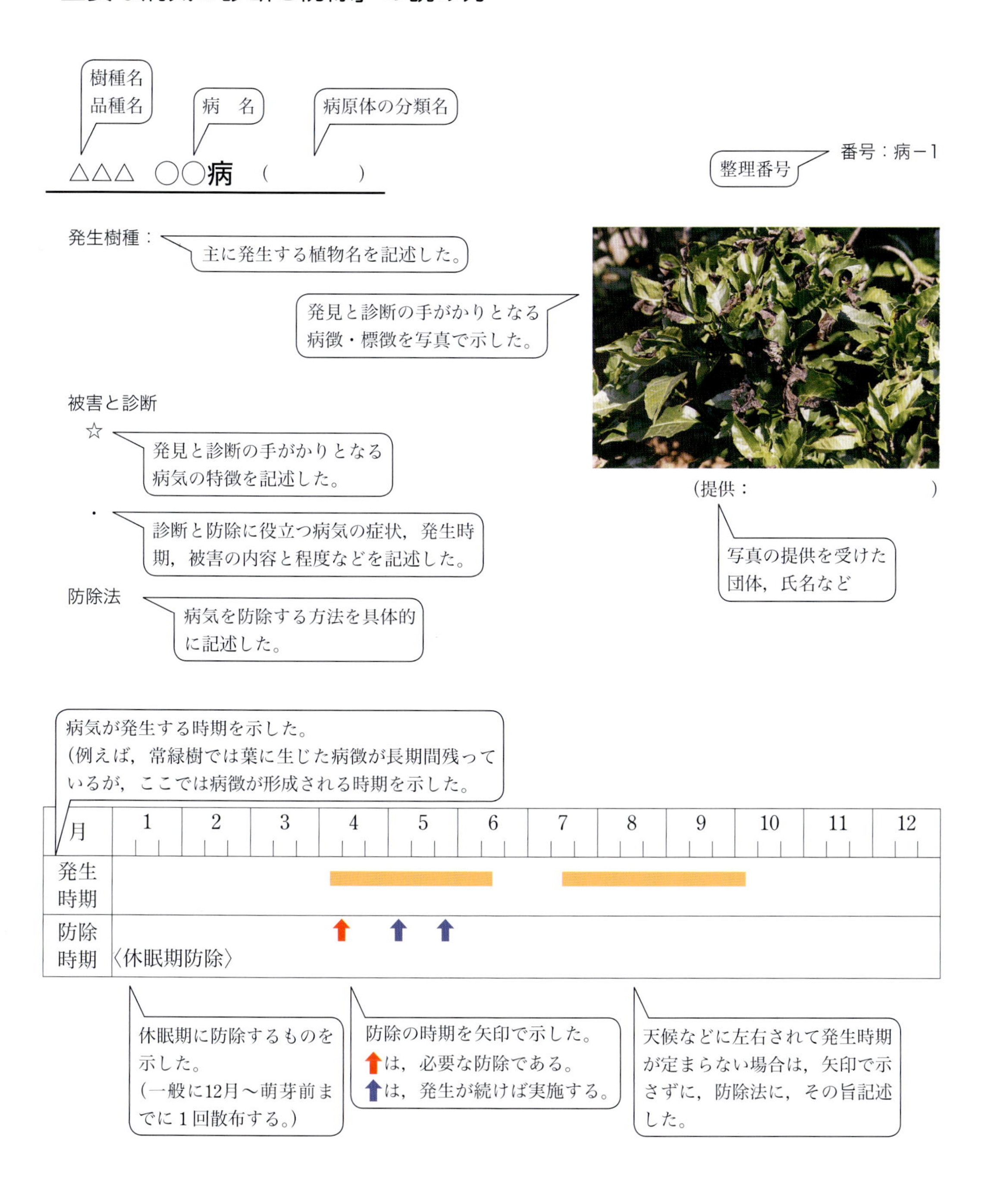

番号：病−1

アオキ　炭そ病　（菌類：子のう菌類）

（提供：木﨑　忠重氏）

発生樹種：アオキのほか，多くの植物に発生する。

被害と診断

☆新葉に褐色又は黒褐色の病斑が発生し，その後，拡大して葉枯れ症状となり，落葉する。

・病斑と健全部分との境界は明確で，病斑の色は表裏とも同じ色である。

・病気は，葉・枝先・実にも発生し，その被害部に生じた胞子が伝染源となる。

防除法

・罹病した葉・枝などを集めて焼却する。

・日照・通風をよくする。

・発生が多ければ殺菌剤を散布する。

月	1	2	3	4	5	6	7	8	9	10	11	12
発生時期												
防除時期												

番号：病−2

イチョウ　すす斑病　（菌類：不完全菌類）

（提供：木﨑　忠重氏）

発生樹種：イチョウに発生する。

被害と診断

・梅雨期から秋季にかけて葉に発生する。葉の周辺部分に淡褐色〜明褐色の扇形・くさび形の病斑ができる。

・病斑は葉の周辺部分に淡褐色から明褐色の扇形・くさび形に進展する。

・発生が激しいと病斑同士が融合し，葉の大部分に拡大し，黄化・落葉することが多い。

・病斑上に小さな黒点が輪紋状にでき，分生子で伝播する。

防除法

・強剪定すると発生しやすい。

・病斑や落葉で越冬し，伝染源になるので適切に処置する。

月	1	2	3	4	5	6	7	8	9	10	11	12
発生時期												
防除時期												

番号：病－3

ウメ　環紋葉枯病（かんもんはがれ）　（菌類：子のう菌類）

（提供：堀江　博道氏）

発生樹種：ウメ，アンズなどに発生する。

被害と診断

☆5月ごろ，葉に灰褐色の大型病斑が発生したのち落葉するため，大きな被害となる。病斑部分が落ちて葉に穴があくことがある。
- 気温が低く雨が多いときに発病が多くなる。
- 春に罹病した葉に形成された胞子の飛散によって病気が広がる。

防除法
- 罹病によって落葉した葉は放置せず，集めて焼却する。
- 病気が発生したらすぐに殺菌剤を散布する。

月	1	2	3	4	5	6	7	8	9	10	11	12
発生時期												
防除時期												

番号：病－4

ウメ　黒星病（くろほし）　（菌類：不完全菌類）

（提供：神奈川県農業技術センター）

発生樹種：ウメ，スモモ，アンズ，モモ，オウトウなどに発生する。

被害と診断

☆果実が膨らみ出したころに，幼果の表面に暗緑色の斑点が現れる。のちに淡黒色のすすかび状の病斑となる。
- 新梢では，だ円形で赤紫色の膨らんだ病斑が発生したのち，拡大しながら褐色に変わる。冬の剪定のころには銀灰色となる。
- 4月ごろ，枝の病斑上に胞子が生じて，これが雨媒伝染する。

防除法
- 伝染源となる罹病した枝を切除する。
- ウメの休眠期と幼果のころに殺菌剤を散布する。

月	1	2	3	4	5	6	7	8	9	10	11	12
発生時期												
防除時期	〈休眠期防除〉											

番号：病−5

カシ　うどんこ病　（菌類：子のう菌類）

（提供：木﨑　忠重氏）

発生樹種：カシ類，シイ，クヌギなどに発生する。

被害と診断

☆若い葉に白いかびの斑点が発生し，やがて全面に拡大する。発生が激しいときは，茎葉の全体を覆う。

・白いかびは胞子と菌糸で，その胞子が伝染源となり風で運ばれて病気がまん（蔓）延する。

・うどんこ病菌の増殖活動は湿度が低いときに活発になるので，乾燥状態が続くと多発する。

防除法

・落葉や樹上の罹病した葉は集めて焼却する。

・発生したらすぐに殺菌剤を散布する。

月	1	2	3	4	5	6	7	8	9	10	11	12
発生時期				━	━	━	━		━	━	━	
防除時期 〈休眠期防除〉				↑	↑				↑	↑		

番号：病−6

カシ　紫（むらさき）かび病　（菌類：子のう菌類）

（提供：木﨑　忠重氏）

発生樹種：アラカシ，シラカシなどのカシ類に発生する。

被害と診断

☆葉の表側に淡黄色の斑点が現れる。葉裏には紫褐色又は黒褐色のビロード状の菌糸が発生する。

・罹病した葉は落葉せず，翌春に菌糸上に胞子が形成されて，これが飛散して伝染する。

・うどんこ病菌の一種による病気である。

防除法

・罹病によって落葉した葉は放置せず，集めて焼却する。

・病気の発生初期に殺菌剤を散布するとともに，休眠期（冬期）に殺菌剤を散布して越冬後の活動を抑制する。

月	1	2	3	4	5	6	7	8	9	10	11	12
発生時期						━	━					
防除時期 〈休眠期防除〉						↑ ↑						

番号：病－7

カナメモチ　ごま色斑点（いろはんてん）病　（菌類：不完全菌類）

発生樹種：カナメモチ，ベニカナメ，シャリンバイ，カリンなどに発生する。

被害と診断

☆新葉に赤い小型の円形斑点が発生し，病斑の周辺部分が鮮やかな紫紅色となる。色が目立つので観賞に差し支える。

・若い枝には，黒色から紫紅色の紡錘形の病斑が発生し，そこに小黒点が生じる。

・越冬した罹病葉は，５月ごろに落葉する。多発すると樹勢が衰え，葉の数が少なくなり，枝枯れ・株枯れを起こす。

防除法

・罹病によって落葉した葉は放置せず，集めて焼却する。

・病気が発生したらすぐに殺菌剤を散布する。

（提供：木﨑　忠重氏）

月	1	2	3	4	5	6	7	8	9	10	11	12
発生時期			━	━	━	━	━	━	━	━		
防除時期				↑								

番号：病－8

キンモクセイ　先葉枯病　（菌類：不完全菌類）

発生樹種：キンモクセイに発生する。

被害と診断

・葉の先端部分が黄緑色から淡褐色に変色し，徐々に病斑が拡大する。

・病斑はやがて葉枯れ状態になり，枯死部に黒点が多数できる。

・病葉は越冬後，５月～６月に落葉し，伝染源になる。

防除法

・台風や刈り込みなどで葉先が傷むと発病しやすい。

・当年葉が出芽する前に病葉を除去し，殺菌剤を散布するとよい。

（提供：木﨑　忠重氏）

月	1	2	3	4	5	6	7	8	9	10	11	12
発生時期								━	━	━		
防除時期				↑	↑							

番号：病－9

サクラ　せん孔褐斑病（こうかっぱん）（菌類：子のう菌類）

（提供：堀江　博道氏）

発生樹種：サクラ類，ウメ，モモなどに発生する。

被害と診断

☆5月ごろ，葉に淡褐色から褐色の小さい円斑が現れ，やがて，斑点の周囲に離層ができて病斑部分が抜け落ちる。

・罹病した葉は黄色くなるが，秋まで落葉しない。

・5月～6月の長雨によって被害が増える。

・葉に穴があくので害虫の食害と見誤ることがあるが，この病気は病斑上にすすかび状の胞子をつくるので，区別できる。

防除法

・秋に落葉を集めて焼却する。

・多発する場合は，殺菌剤を散布する。

月	1	2	3	4	5	6	7	8	9	10	11	12
発生時期					■	■	■					
防除時期					↑							

番号：病－10

サクラ　てんぐ巣（す）病（菌類：子のう菌類）

（提供：木﨑　忠重氏）

発生樹種：サクラ類のうち，ソメイヨシノ，ヒガンザクラ，ヤマザクラなどに発生しやすい。

被害と診断

☆枝の一部に，たくさんの小枝がほうき状に出る病気で，放置すると樹勢に影響する。

・発病の多いソメイヨシノは，花見のころに病気に侵された部分の葉が展開して緑となるので非常に目につきやすい。

・罹病部の葉は縮れて褐変し，やがて枯死する。4月～5月に罹病した葉の裏に生じた白色の胞子が飛散してまん延する。

防除法

・冬に罹病した枝を切り取り焼却する。

・てんぐ巣病にかかった枝の基部の膨らみを残さないよう切り取る。

月	1	2	3	4	5	6	7	8	9	10	11	12
発生時期				■								
防除時期												

番号：病－11

サクラ　灰色（はいいろ）こうやく病　（菌類：担子菌類）

発生樹種：サクラ，ケヤキ，シイノキ，マサキ，ウメ，モモなど多くの広葉樹に発生する。

被害と診断

☆菌糸の膜が幹を厚く覆って，こうやく（膏薬）を張ったように見える。

・膜の表面の色は暗灰色で，胞子を形成すると白くなる。こうやく病は色で分類され，黒色・褐色・暗褐色などがある。

・病原菌は，クワシロカイガラムシに寄生して体内から栄養分を摂取したり，分泌物を栄養源にして繁殖する。その後，菌糸膜を伸ばして植物からも栄養を取る。

防除法

・殺虫剤を散布してカイガラムシを駆除する。

・剪定によって通風・日照をよくする。

・殺菌剤を塗布する。

（提供：木﨑　忠重氏）

月	1	2	3	4	5	6	7	8	9	10	11	12
発生時期												
防除時期	〈休眠期防除〉											

番号：病－12

サルスベリ　うどんこ病　（菌類：子のう菌類）

発生樹種：サルスベリに発生する。

被害と診断

☆春に伸び始めた葉や若い枝に白いかびの斑点が発生し，のちに全体が白い粉に覆われる。

・多発すると，葉や枝先が白い粉に覆われて変形する。花のがく，果実にも発生する。

・毎年多発すると，生育が阻害される。

防除法

・落葉を集めて焼却する。

・枝の芽の組織内で越冬するので，剪定の際に，罹病した枝をすべて除去する。

・発生の初期から殺菌剤を散布する。

（提供：木﨑　忠重氏）

月	1	2	3	4	5	6	7	8	9	10	11	12
発生時期												
防除時期												

番号：病－13

シャクナゲ 葉斑病（ようはん）（菌類：不完全菌）

（提供：堀江　博道氏）

発生樹種：西洋シャクナゲ類（品種により発病の程度に差異がある），ツツジ・サツキ類に発生する。

被害と診断

☆6月ごろから葉に褐色の斑点が現れ，観賞価値を減じる。多発すると葉は黄化し落葉する。

・病斑は灰緑色の胞子に覆われて，すすかび状又はビロード状となり，これが伝染源となる。

防除法

・罹病した葉は切除し，落葉は集めるとともに焼却する。

・病気が発生したらすぐに殺菌剤を散布する。

月	1	2	3	4	5	6	7	8	9	10	11	12
発生時期												
防除時期												

番号：病－14

シャリンバイ さび病（菌類：担子菌類）

（提供：堀江　博道氏）

発生樹種：シャリンバイに発生する。

被害と診断

☆さび病は，葉などに黄色や鉄さび色（赤茶色）の粉状の胞子塊を発生することから名付けられている。シャリンバイさび病は，若い葉に赤褐色の病斑が発生し，のちに黄色い胞子が発生し，シャリンバイから他のシャリンバイに伝染する。同種の植物で生活し中間宿主はない。

・葉，葉柄，枝に発生する。

防除法

・罹病した葉・枝を切除し，落葉を除去する。

・多発する場合は，殺菌剤を散布する。

月	1	2	3	4	5	6	7	8	9	10	11	12
発生時期												
防除時期												

番号：病－15

樹木類　材質腐朽病

発生樹種：エゾマツ，カエデ類，カシ類，ケヤキ，サクラ類，シイ類，スズカケノキ類，タイサンボク，トウヒなど。

被害と診断

- 病原菌の多くはサルノコシカケのグループである。
- ならたけ病（写真：上）は広範囲の樹木を侵す菌で，幹全周を侵すと急速に枯死し，樹木は立ち枯れになる。
- かわらたけ病（写真：左下）は広範囲の樹木の枯死木・切り株・枯れ枝にキノコが群生する一般的な病気である。
- こふきたけ病（写真：右下）は広範囲の広葉樹の枝や幹の地際まで心材を侵す。

（提供：木﨑　忠重氏）

防除法

- 強風などにより，枝の枯損や倒状などの被害が出るので，早期発見をし，患部の除去をする。
- 傷口から菌は侵入するので強剪定は避け，切り口は必ず薬剤で消毒する。

月	1	2	3	4	5	6	7	8	9	10	11	12
発生時期												
防除時期												

番号：病－16

ジンチョウゲ　黒点（こくてん）病　（菌類：不完全菌類）

発生樹種：ジンチョウゲに発生する。

被害と診断

☆春早く葉に小斑点がたくさん発生し，すぐに激しく落葉する。

- 小斑点は初め淡黄緑色で，のちに黒褐色で盛り上がった斑点となる。
- 新しく発生する葉に伝染するので，葉が少なくなり，枝枯れを起こす。

防除法

- 落葉した罹病葉や罹病枝を除去し焼却する。
- 病気が発生したらすぐに殺菌剤を散布する。多発した場合は，繰り返し散布する。

（提供：堀江　博道氏）

月	1	2	3	4	5	6	7	8	9	10	11	12
発生時期												
防除時期												

番号：病−17

ジンチョウゲ　白紋羽病（しろもんぱ）（菌類：子のう菌類）

（提供：堀江　博道氏）

発生樹種：ジンチョウゲ，ウメ，サクラ，カシなど極めて多くの樹木に発生する。

被害と診断

☆地上部が日中でのしおれと夜間での回復を繰り返しながら，やがて株全体が枯れる。

・幹の地面に近い部分を白い菌糸が覆い，土の中の浅いところにある根に白い菌糸がからみついている。細い根は腐敗してなくなる。

防除法

・病気が進行していれば治療することは難しいので，根を残さないよう抜き取る。

・病気による被害の跡地に植える場合は，土をそっくり入れ替えるか，土壌消毒をする。

・発生の初期に殺菌剤を散布する。

月	1	2	3	4	5	6	7	8	9	10	11	12
発生時期				■	■	■	■	■	■	■		
防除時期												

番号：病−18

ジンチョウゲ　モザイク病（ウイルス）

（提供：堀江　博道氏）

発生樹種：ジンチョウゲに発生する。

被害と診断

☆枝先の葉の緑色に濃淡が生じてモザイク症状となる。ときには，葉のねじれ，小型化などの異常が現れる。

・ジンチョウゲが感染するウイルスには，キュウリモザイクウイルスなどいくつかの種類があるので，伝染経路も複雑である。

防除法

・媒介するアブラムシを早期に発見して殺虫剤で防除する。

月	1	2	3	4	5	6	7	8	9	10	11	12
発生時期	■	■	■	■	■	■	■	■	■	■	■	■
防除時期												

番号：病－19

タケ　てんぐ巣病　(菌類：子のう菌類)

(提供：木﨑　忠重氏)

発生樹種：マダケ，ハチク，ナリヒラダケ，クマザサなどに発生する。

被害と診断

☆春に枝や葉が異常成長を始め，枝が長く伸び，側枝を出して伸ばし，夏ごろにはつる状のてんぐ巣病となる。

・生育不良の古い竹林で発生が多い。

・春に枝の病患部から生じた胞子が飛散して伝染源となる。

防除法

・冬の間に罹病した枝を切除したり，株ごと取り除く。

・竹林を更新したり，肥培管理によって生育を旺盛にする。

月	1	2	3	4	5	6	7	8	9	10	11	12
発生時期												
防除時期												

番号：病－20

ツツジ・サツキ類　褐斑病　(菌類：不完全菌類)

(提供：木﨑　忠重氏)

発生樹種：ツツジ・サツキ類に発生する。

被害と診断

☆葉の表面に多くの褐色の小斑点が現れ，やがて葉脈に区切られた褐色の角斑となる。病斑上に菌糸や胞子は現れない。

・同じような角斑をつくる葉斑病は，病斑上に緑褐色の毛羽立ったすすかび状のものをつくるので区別できる。

防除法

・樹上の罹病した葉は切除し，落葉は集めて焼却する。

・発生したら殺菌剤を定期的に散布する。

月	1	2	3	4	5	6	7	8	9	10	11	12
発生時期												
防除時期												

番号：病－21

ツツジ・サツキ類　花腐菌核病（はなぐされきんかくびょう）（菌類：子のう菌類）

（提供：神奈川県農業技術センター）

発生樹種：ツツジ・サツキ類，西洋シャクナゲに発生する。

被害と診断

☆開花中の花弁に斑点が発生する。初めは淡褐色の水が染みたような斑点となり，次第に拡大して花全体が褐変して枯れる。

・枯れた花弁上に黒く固い塊状の菌核が生じ，越冬する。開花期ごろに菌核が子のう盤を形成し，そこから子のう胞子が飛散してまん延する。

防除法

・周囲の草花も含めて，罹病した花や葉，咲き終わった花などを早く取り除いて病気の発生とまん延を防ぐ。

・発生の初期から殺菌剤を散布する。

月	1	2	3	4	5	6	7	8	9	10	11	12
発生時期												
防除時期												

番号：病－22

ツツジ・サツキ類　ペスタロチア病（菌類：不完全菌類）

発生樹種：ツツジ・サツキ類，ツバキに発生する。

被害と診断

☆展開した葉の先端や縁に発生した褐色の小斑点が同心円状に拡大して，しばしば葉枯症状となる。多発時には激しく落葉する。

・病斑の周囲は暗褐色で健全部との境界は明瞭である。病斑の表皮下に微小な黒い粒が生じる。

・健全な葉を侵すことはできず，害虫による傷や風雪などの気象による傷から侵入する。

防除法

・葉を傷つけないようにする。

・罹病した葉を切除し焼却する。

・傷害を受けた直後や，降雨の前後に殺菌剤を散布する。

（提供：堀江　博道氏）

月	1	2	3	4	5	6	7	8	9	10	11	12
発生時期												
防除時期												

番号：病－23

ツツジ・サツキ類　もち病　（担子菌類）

（提供：木﨑　忠重氏）

発生樹種：ツツジ・サツキ類に発生する。

被害と診断

☆幼芽や葉が異常に肥大して餅（もち）が膨らんだようになり，観賞の妨げになる。

・肥大部の色は淡緑色から淡紅色などで，成熟すると白くなり，その後，乾燥して落下する。

・放置すると肥大部に形成された胞子によって病気がまん延する。

防除法

・前年に発生した場合は，翌年も発生することが多いので，春と秋の発病前から殺菌剤を散布する。

・肥大部は白い粉状の胞子が現れる前に切除し，焼却する。

月	1	2	3	4	5	6	7	8	9	10	11	12
発生時期												
防除時期												

番号：病－24

トウカエデ　首垂細菌病（くびたれさいきんびょう）　（エルビニア属菌）

（提供：堀江　博道氏）

発生樹種：トウカエデのみに発生する。

被害と診断

☆4月～6月ごろ，新梢の葉に半透明の小斑点が発生し，多発すると葉は褐変，枯死する。新梢では先端から黒変し萎凋して，弓なりに垂れ下がる。

・枯死した枝がしばらく残り，美観が損なわれる。

・新梢に発生するので，剪定によって新梢の発生が多い街路樹に発病するが，自然樹形のものは発病が少ない。

・病原菌の種名は明らかでない。

防除法

・罹病した枝を除去し焼却する。

・薬剤による防除は確立されていない。

月	1	2	3	4	5	6	7	8	9	10	11	12
発生時期												
防除時期												

番号：病－25

ハナミズキ　うどんこ病　（菌類：子のう菌類）

（提供：木﨑　忠重氏）

発生樹種：ハナミズキ，ミズキ類，ヤマボウシなどに発生する。

被害と診断

☆多発すると新梢や若い葉の全面に白い粉がつき，葉が縮んだり巻いたりして変形する。ときには葉が萎凋・枯死する。栄養を奪われるので生育が抑制される。

・白いカビは胞子と菌糸で，その胞子が伝染源となり風で運ばれて病気がまん延する。

防除法

・落葉や樹上の罹病した葉は集めて焼却する。

・発生の初期に殺菌剤を散布する。

月	1	2	3	4	5	6	7	8	9	10	11	12
発生時期												
防除時期												

番号：病－26

ハナミズキ　すす病　（菌類：子のう菌類）

（提供：木﨑　忠重氏）

発生樹種：ハナミズキ，ツバキ，モチノキ，クチナシ，ササなど広範囲の樹木に発生する。

被害と診断

☆すす病は，葉・枝・幹を黒色の煤（すす）状の菌類で覆うので，光合成が妨げられて樹木の美しさが失われる。

・アブラムシ類やカイガラムシ類の排せつ物を栄養源として繁殖する。

防除法

・アブラムシ類やカイガラムシ類を防除してすす病の発生を予防する。

・剪定により通風・日照をよくして発生を防ぐ。

月	1	2	3	4	5	6	7	8	9	10	11	12
発生時期												
防除時期												

番号：病－27

ハナモモ　縮葉病（しゅくよう）　（菌類：子のう菌類）

（提供：堀江　博道氏）

発生樹種：ハナモモ，モモなどに発生する。

被害と診断

☆早春に，展開を始めた葉の一部が赤く膨らみ，やがて葉の拡大とともに縮れたりしわがよって奇形となる。その後，罹病部は白い粉で覆われたのち褐色となり，腐って落葉する。幼果に発生すると落果する。

・胞子が芽の付近に付着して越冬し，萌芽とともに侵入し感染する。

防除法

・侵入を防ぐため，芽が休眠している 3 月ごろに殺菌剤を散布する。

月	1	2	3	4	5	6	7	8	9	10	11	12
発生時期												
防除時期			〈休眠期防除〉									

番号：病－28

バラ　うどんこ病　（菌類：子のう菌類）

（提供：木﨑　忠重氏）

発生樹種：バラなどに発生する。

被害と診断

☆葉に白いカビが発生し，葉面に凹凸ができたり，ねじれたりする。つぼみにも発生する。多発すると樹勢が衰えて，花の量が少なくなる。

・白いカビは胞子と菌糸で，その胞子が伝染源となり風で運ばれて病気がまん延する。

・うどんこ病菌の増殖活動は湿度が低いときに活発になるので，乾燥状態が続くと多発する。

防除法

・落葉や樹上の罹病した葉は集めて焼却する。

・一度発生すると翌年も発生して被害が拡大するので，殺菌剤を散布する。

月	1	2	3	4	5	6	7	8	9	10	11	12
発生時期												
防除時期												

番号：病－29

バラ 黒星病（くろほし） （菌類：子のう菌類）

発生樹種：バラ類に発生する。

被害と診断

☆春から初夏と秋に，葉に淡褐色から灰褐色のしみ状の病斑が発生し，拡大すると黄化し落葉する。落葉が激しいと樹勢が衰えて花の数が少なくなる。葉柄・枝にも発生する。

・病斑上には小黒点が形成され，その中の胞子が伝染源となる。

防除法

・罹病した葉を取り除き，落葉を集めて焼却する。

・降雨後の発生に注意し，病気が発生したらすぐに殺菌剤を散布する。

（提供：木﨑　忠重氏）

月	1	2	3	4	5	6	7	8	9	10	11	12
発生時期												
防除時期												

番号：病－30

バラ 根頭がんしゅ病（こんとう） （細菌：アグロバクテリウム属）

発生樹種：バラ，サクラ類，カエデ類，カシ類など多くの広葉樹・草花に発生する。

被害と診断

☆地表面に近い根や幹に，表面がざらざらした球形又は半球形のこぶができる。

・幼木や苗に発生することが多く，急に枯死することはないが生育不良となる。

・土の中のこぶとその断片が発生源となり，病原菌が傷口から侵入する。

防除法

・汚染された場所は土壌消毒をする。

・苗木は植え付け前に消毒や生物農薬による予防処置をする。

・罹病した苗を使わない。

（提供：神奈川県農業技術センター）

月	1	2	3	4	5	6	7	8	9	10	11	12
発生時期												
防除時期												

番号：病－31

フジ　こぶ病　（細菌：エルビニア属）

（提供：木﨑　忠重氏）

発生樹種：フジ，ヤマフジ類に発生する。

被害と診断

☆梅雨ごろに，つるに淡緑色のこぶが発生し，次第に大きくなる。

・こぶが古くなると，亀裂がはいり，腐敗して枝・幹が枯れるなどの被害が発生する。

・病原菌は昆虫などによって運ばれ傷口から侵入する。

防除法

・肥大部分は発生源となるので，罹病した細い枝は冬の剪定時に切除し焼却する。幹・太枝の肥大部分は削り取る。

月	1	2	3	4	5	6	7	8	9	10	11	12
発生時期												
防除時期												

番号：病－32

フッキソウ　紅粒茎枯病(こうりゅうくきがれ)　（菌類：子のう菌類）

（提供：木﨑　忠重氏）

発生草花：フッキソウに発生する。

被害と診断

☆茎に褐色の病斑が発生し，やがて茎全体が暗褐色又は黒色になって枯死する。

・葉には灰緑色又は灰褐色の病斑が発生する。

防除法

・病原菌の生態と防除法は明らかでない。

・日陰に密植するので，過湿にならないよう土の排水をよくする。

・罹病した株は，すぐに除去する。

月	1	2	3	4	5	6	7	8	9	10	11	12
発生時期												
防除時期												

番号：病－33

ボケ 赤星病（あかほし）（菌類：担子菌類）

発生樹種：ボケ，カリン，ナシなどに発生する。

被害と診断

☆新葉のころ，葉の表面に橙色の小病斑が発生して，その周辺が紅色となり，裏面には毛状の突起（胞子）が群生する（写真：上）。

・激発すると新梢や果実にも発生し，葉は落葉する。

・赤星病の病原菌は，ボケなどとビャクシン類との間を行き来して生活（異種寄生）する。4月ごろまでビャクシン類のさび病（写真：下）として過ごしたのち，ボケに伝染して赤星病となり，夏にビャクシンに戻る。

防除法

・ボケの赤星病とビャクシン類のさび病に殺菌剤を散布する。

（提供：木﨑　忠重氏）

（提供：神奈川県農業技術センター）

月	1	2	3	4	5	6	7	8	9	10	11	12
発生時期	ビャクシンさび病					ボケ赤星病						
防除時期			さび病防除		赤星病防除							

番号：病－34

ボケ 根頭がんしゅ病（こんとう）（細菌：アグロバクテリウム属）

発生樹種：ボケ，サクラ類，カエデ類，カシ類など多くの広葉樹・草花に発生する。

被害と診断

☆地表面に近い根や幹に，表面がざらざらした球形又は半球形のこぶができる。

・幼木や苗に発生することが多く，急に枯死することはないが生育不良となる。

・土の中のこぶとその断片が発生源となり，病原菌が傷口から侵入する。

防除法

・汚染された場所は土壌消毒をする。

・苗木は消毒や生物農薬による予防をする。

・罹病した苗を使わない。

（提供：堀江　博道氏）

月	1	2	3	4	5	6	7	8	9	10	11	12
発生時期												
防除時期												

番号：病－35

マサキ　うどんこ病　（菌類：子のう菌類）

（提供：木﨑　忠重氏）

発生樹種：マサキに発生する。

被害と診断

☆葉の表面に円形の白いカビが発生し，やがて全面に拡大する。発生が激しいときは葉が変形したり，落葉する。

・白いカビは胞子と菌糸で，その胞子が伝染源となり風で運ばれて病気がまん延する。

・うどんこ病菌の増殖活動は，湿度が低いときに活発になるので，乾燥状態が続くと多発する。

防除法

・落葉や樹上の罹病した葉は集めて焼却する。

・一度発生すると翌年も発生して被害が拡大するので，殺菌剤を散布する。

月	1	2	3	4	5	6	7	8	9	10	11	12
発生時期												
防除時期	〈休眠期防除〉			↑	↑				↑	↑		

番号：病－36

マツ　こぶ病　（菌類：担子菌類）

（提供：木﨑　忠重氏）

発生樹種：マツ類に発生する。

被害と診断

☆枝や幹が丸く肥大して，表面はざらざらしたこぶ状になる。こぶには亀裂があり，風などによって折れやすくなる。

・病原菌はさび病菌の一種で，ナラ・カシなどの中間宿主とマツ類との間を往復している。4月～5月にマツのこぶから胞子が飛散しナラなどに移る。9月～11月にナラ・カシからマツに戻る。

防除法

・こぶができた枝などを切除する。

・ナラ類・カシ類・シイ類などを近くに植えない。

月	1	2	3	4	5	6	7	8	9	10	11	12
発生時期					ナラ・カシさび病					マツこぶ病		
防除時期												

番号：病－37

マツ　多芽病（たが） （病原は明らかでない）

（提供：神奈川県農業技術センター）

発生樹種：アカマツ，クロマツなどに発生する。

被害と診断

☆新芽の部分に不定芽が多く出て正常な伸長ができない。その形から芽状（がじょう）てんぐ巣病ともいう。

・奇形となった部分は，1～2年で枯死・脱落する。

・新葉は展開せず新梢が伸びないため，樹勢が低下したり，形状が悪くなったりする。

防除法

・防除法が明らかでないため，罹病部は切除し焼却する。

・生育不良のものに発生が多いので，日照・通風を改善し，肥培管理を徹底して樹勢をよくする。

月	1	2	3	4	5	6	7	8	9	10	11	12
発生時期												
防除時期												

番号：病－38

マツ　葉枯病（はがれ） （菌類：不完全菌類）

（提供：神奈川県農業技術センター）

発生樹種：マツ類に発生する。

被害と診断

☆針葉に灰褐色の帯状の病斑が発生したのち，暗褐色の帯が現われて交互に並び，やがて枯死する。

・病斑上に生じた胞子で伝染する。5月～6月の多雨時に病気がまん延し，夏から秋に被害が激しくなる。

防除法

・罹病した葉を集めて焼却する。

・多発した場合には，多湿時を重点に新葉が展開するころから秋まで，殺菌剤を散布する。

月	1	2	3	4	5	6	7	8	9	10	11	12
発生時期												
防除時期												

番号：病－39

マツ　葉（は）ふるい病　（菌類：子のう菌類）

（提供：神奈川県農業技術センター）

発生樹種：アカマツ，クロマツなどに発生する。

被害と診断

☆春に針葉が褐変し落葉する。

- 夏ごろ，マツの針葉に淡褐色の小さなカビが発生し，その状態で冬を越す。
- 翌春に罹病した葉は灰褐色に変わり落葉する。
- 枯死した葉には黒色の横縞と黒いだ円形の小斑点が並んでいる。８月ごろに胞子が現れて飛散し，病気がまん延する。

防除法

- 罹病した葉や落葉は放置せず，集めて焼却する。
- 樹勢の弱ったものに発生するので，肥培管理によって樹勢の回復を図る。
- 発生したら被害の拡大を防ぐために殺菌剤を散布する。

月	1	2	3	4	5	6	7	8	9	10	11	12
発生時期												
防除時期												

番号：病－40

ムクゲ　白紋羽病（しろもんぱびょう）　（菌類：子のう菌類）

（提供：堀江　博道氏）

発生樹種：ムクゲ，ウメ，サクラ，カシなど極めて多くの樹木に発生する。

被害と診断

☆地上部が日中でのしおれと夜間での回復を繰り返しながら，やがて株全体が枯れる。

- 幹の地面に近い部分を白い菌糸が覆い，土の中の浅いところにある根に白い菌糸がからみつく。細い根は腐敗してなくなる。
- 根・幹が侵されて，葉の黄化，落葉が起こる。

防除法

- 被害が進行していれば治療することは難しいので，根を残さないようにすべての根を抜き取る。
- 被害の跡地に植える場合は，土をそっくり入れ替えるか，土壌消毒をする。
- 発生の初期に殺菌剤を散布する。

月	1	2	3	4	5	6	7	8	9	10	11	12
発生時期												
防除時期												

番号：病－41

モチノキ　黒紋病（こくもん）　（菌類：子のう菌類）

（提供：堀江　博道氏）

発生樹種：モチノキに発生する。

被害と診断

☆夏ごろ，葉の表面に淡黄色のカビが発生し，やがて拡大して黒い隆起した斑点となる。

・罹病した葉は落葉せずに残るので，発生が多いと黒い点が目立つ。

・樹勢が低下することはない。

防除法

・落葉の清掃，罹病した葉の切除などを行う。

・特に防除する必要はないが，多発した場合には殺菌剤を散布する。

月	1	2	3	4	5	6	7	8	9	10	11	12
発生時期							■	■				
防除時期												

番号：病－42

モチノキ　すす病　（菌類：子のう菌類）

（提供：木﨑　忠重氏）

発生樹種：モチノキなどに発生する。

被害と診断

☆すす病は，葉・枝・幹を，黒色の煤状の菌類で覆うので，樹木の美しさが失われる。

・アブラムシ類やカイガラムシ類の排せつ物を栄養源として繁殖する。

防除法

・アブラムシ類やカイガラムシ類を防除してすす病の発生を予防する。

・剪定により通風・日照をよくして発生を防ぐ。

月	1	2	3	4	5	6	7	8	9	10	11	12
発生時期	■	■	■	■	■	■	■	■	■	■	■	■
防除時期												

番号：病－43

ヤツデ　そうか病　(菌類：不完全菌類)

発生樹種：ヤツデ，キズタ，タラノキなどに発生する。

被害と診断

☆新葉の展開する時期に，葉や葉柄にかさぶた状の病斑が発生し，多発すると葉の奇形や葉枯れとなる。

・病斑の色は，初め淡褐色で拡大すると灰白色となる。

防除法

・罹病した葉で越冬するので，春までに伝染源となる罹病した葉を切除し焼却する。

・新葉が展開する時期に殺菌剤を散布する。

(提供：堀江　博道氏)

月	1	2	3	4	5	6	7	8	9	10	11	12
発生時期				▬	▬	▬						
防除時期				↑								

番号：病－44

ヤマモモ　こぶ病　(細菌：シュードモナス属)

発生樹種：ヤマモモに発生する。

被害と診断

☆枝や幹に表面が粗いこぶができる。こぶが，枝・幹をとりまくとその先は枯れる。

・苗木や幼木に発生すると，奇形や株枯れを起こす。

・病原菌の生態や伝染方法などはよく分かっていない。

防除法

・こぶが発生した枝を切除したり，幹のこぶを削り取るなどして，まん延を防ぐ。

(提供：堀江　博道氏)

月	1	2	3	4	5	6	7	8	9	10	11	12
発生時期	▬	▬	▬	▬	▬	▬	▬	▬	▬	▬	▬	▬
防除時期												

番号：病－45

芝草　ダラースポット

（提供：一谷　多喜郎氏）

発生草種：ベントグラス，ブルーグラス，コウライシバ

被害と診断

・気温が15℃前後の早春や晩秋に多発する。
・初期には直径1～2cmの黄緑色から淡褐色の沈んだようなスポットがグリーン周辺部に見られる。
・スポットが拡大融合し，灰白色の不整形のパッチになる。病勢が強いと，地下部まで侵されて枯れこんで裸地化する。
・病斑は黄褐色～赤褐色の縁で区切られて葉全体に広がる。一般に葉先から枯れ上がる。
・パッチの大きさは通常5cm程度，健全部との境は明瞭である。

防除法

・根部の過乾燥（軽い乾燥害）を避ける。
・木陰で風通しが悪く，露が長く残るところは改善する。
・晩春～初夏の発生には薬剤のスポット散布でこと足りるが，入梅期の激発時には全面散布が望ましい。

月	1	2	3	4	5	6	7	8	9	10	11	12
発生時期												
防除時期												

番号：病－46

芝草　フェアリーリング

（提供：一谷　多喜郎氏）

発生草種：ベントグラス，コウライシバ，ノシバ

被害と診断

・キノコによる病害で11種類が知られている。
・始めは10cm大の濃緑色の病斑をつくり，次第にリング状になり大きいものでは数mの円形になる。
・4月に発生が始まり，梅雨期から秋まで病状は進行する。
・キノコは5月～6月及び9月～10月に多く見られる。
・土中の有機物を分解しながら菌糸束が伸びるので，土中の養分が豊富になるため芝の生育に影響し濃緑色の輪になる。
・菌糸は土壌中の水分を奪うので，芝草の黄化や枯死をまねく。

防除法

・完熟追肥などの有機質肥料を用いる。
・砂土構成のベントグリーンでは，夏季に灌水に努める。
・薬剤の散布が望ましい。

月	1	2	3	4	5	6	7	8	9	10	11	12
発生時期												
防除時期												

番号：病－47

芝草　炭そ病

（提供：一谷　多喜郎氏）

発生草種：ベントグラス，ブルーグラス，フェスク

被害と診断

・夏季高温時で多発しやすい。

・葉に淡黄色又は赤褐色のだ円形の斑点が出る。

・病斑が進展すると灰褐色や灰白色の不整形の大型病斑となり，黒色の小さな斑点をつくる。

・パッチは大きさ・形状とも不規則で褐色を呈し，内部は黄白色で枯れた感じになる。

防除法

・チッ素不足で多発するので適正な施肥を行う。

・防除の困難な病害なので，治療効果の高い薬剤を早期に散布する。

月	1	2	3	4	5	6	7	8	9	10	11	12
発生時期												
防除時期												

番号：病－48

芝草　カーブラリア葉枯病　（菌類：不完全菌類）

（提供：木﨑　忠重氏）

発生草種：日本芝，バミューダグラス，ベントグラスなどに発生する。

被害と診断

☆茶褐色の罹病部は，直径 5 ～10cm程度と小さいので「犬の足跡」とも呼ばれるが，多発すると症状が重なって大きくなる。

・病気の感染に適した気温は25～28℃と比較的高いので，夏の前後に発生する。

防除法

・発生開始前から殺菌剤を散布する。

・病原菌の栄養源となる芝生内の茎葉残渣（腐る前の枯れた茎葉）を除去して，病原菌の密度を下げる。

月	1	2	3	4	5	6	7	8	9	10	11	12
発生時期												
防除時期												

番号：病－49

芝草　葉腐病（はぐされ）（ラージパッチ）　（菌類：不完全菌類）

（提供：木﨑　忠重氏）

発生草種：日本芝，バミューダグラスなどに発生する。

被害と診断

☆春と秋に茶褐色のパッチが発生する。パッチは大形で，直径が数m～10mとなる。

・罹病した芝草は，容易に引き抜ける。

・病気の感染に適した気温は20℃程度のときで，春と秋に病気が発生する。

防除法

・排水不良の箇所に発生しやすいので，土壌の改善を行う。

・発生開始の１～２週間前から殺菌剤を散布する。

・罹病した茎葉残渣からの汚染を避けるため，発病している時期には，芝刈りをしない。

月	1	2	3	4	5	6	7	8	9	10	11	12
発生時期												
防除時期												

番号：病－50

芝草　さび病　（菌類：担子菌類）

（提供：一谷　多喜郎氏）

発生草種：日本芝，西洋芝などすべての芝に発生する。

被害と診断

☆葉に黄褐色又は赤褐色の粉状の病斑をつくり，のちに病斑は多数形成され葉全体に広がる。

・さび病菌は生きた植物にだけ寄生することができる。したがって，芝に寄生しても芝を枯らすことはあまりない。

・さび病菌の胞子が芝生の利用者や管理者の衣服や靴を汚すことが問題となる。

・病気の感染に適した温度は20℃前後で，春と秋に発生が多くなる。

防除法

・チッ素肥料を与え過ぎないようにする。

・発生したら殺菌剤を散布する。

月	1	2	3	4	5	6	7	8	9	10	11	12
発生時期												
防除時期												

番号：病－51

キク　黒さび病　（菌類：担子菌類）

（提供：堀江　博道氏）

発生草花：キク類に発生する。

被害と診断

☆葉の裏側の褐色斑点が拡大し，やがて表皮が破れ黒褐色の粉状の冬胞子層が生じ，そこに形成された冬胞子で越冬して，翌春の発生源となる。

・葉の表側の病斑は淡黄色の斑点から，のちに褐色となる。

・多発すると葉の変形や葉枯れが起こる。

防除法

・多湿条件で発生が多くなるため，排水・通風・日照をよくする。

・罹病した葉を切除する。

・病気が発生したら，すぐに殺菌剤を散布してまん延を防ぐ。

月	1	2	3	4	5	6	7	8	9	10	11	12
発生時期												
防除時期												

番号：病－52

シクラメン　萎凋病　（菌類：不完全菌類）

（提供：堀江　博道氏）

発生草花：シクラメンに発生する。

被害と診断

☆始め葉の一部がしおれ，やがて株全体が黄化して枯死する。

・根などの傷口から侵入した菌類が球根の導管を侵すため，水分の上昇が妨げられてしおれる。侵された導管の周辺は茶褐色に変色する。

・病原菌の胞子は，土の中で耐久化し，長く生存して発生源となる。

防除法

・汚染された土，鉢などを使用しない。

・罹病した株は焼却する。

・発生が多い時期（秋）に殺菌剤を鉢の中に灌注する。

月	1	2	3	4	5	6	7	8	9	10	11	12
発生時期												
防除時期												

番号：病－53

シクラメン　灰色（はいいろ）かび病　（菌類：不完全菌類）

（提供：堀江　博道氏）

発生草花：シクラメン，サクラソウなどの草花のほか樹木・野菜など多くの植物に発生する。

被害と診断

☆花，葉などに発生する。花弁の病斑は小形の不規則な斑点から始まり，全体が褐色となる。葉は縁（ふち）の部分から発生して，褐色の軟化した病斑となる。

・病気の発生は，気温が20℃前後で雨が多く多湿のときに多い。

防除法

・罹病した花弁・葉などに多量の胞子が生じてまん延するので，早く除去する。

・春と秋の降雨時には病気がまん延するので，見つけ次第殺菌剤を散布する。

月	1	2	3	4	5	6	7	8	9	10	11	12
発生時期												
防除時期												

番号：病－54

ベゴニア　灰色（はいいろ）かび病　（菌類：不完全菌類）

（提供：堀江　博道氏）

発生草花：ベゴニア，サクラソウなどの草花のほか樹木・野菜などの多くの植物に発生する。

被害と診断

☆花弁に小斑点が発生したのち拡大し，花弁は全体が枯れ落下する。枯れた花弁が葉や茎の上に落ちると，そこから葉腐れ，茎腐れが起こる。

・病気の発生は，気温が20℃前後で雨が多く多湿のときに多い。

防除法

・罹病した花弁・葉などに多量の胞子が生じてまん延するので，早く除去する。

・春と秋の降雨時には病気がまん延するので，見つけ次第殺菌剤を散布する。

月	1	2	3	4	5	6	7	8	9	10	11	12
発生時期												
防除時期												

参考資料 3　主要な害虫の同定・診断と防除

植物名・害虫名索引（五十音順）

「主要な害虫の同定・診断と防除」の読み方

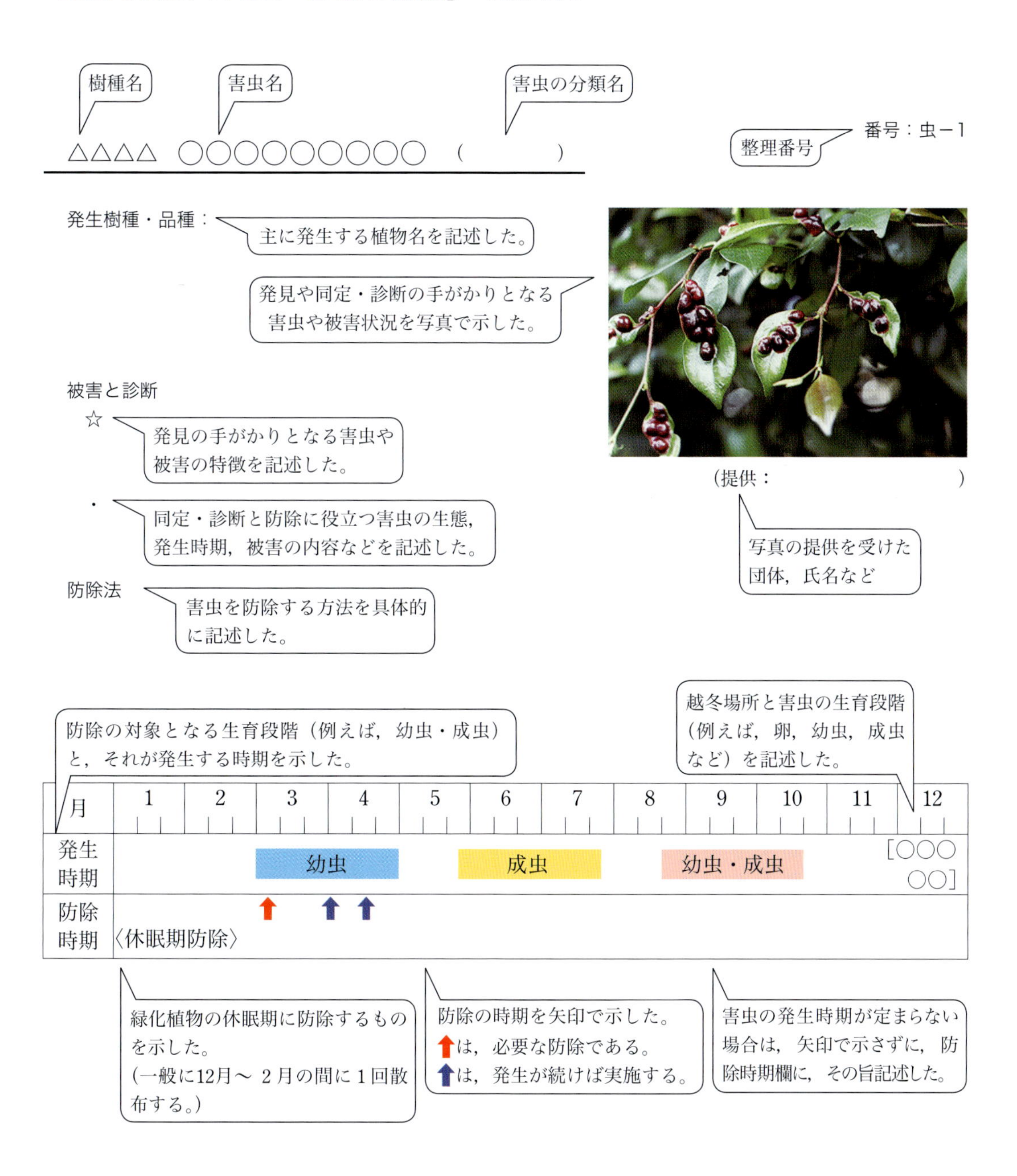

番号：虫－1

イスノキ　ヤノイスアブラムシ　（カメムシ目：アブラムシ科）

（提供：木﨑　忠重氏）

発生樹種：イスノキに発生する。

被害と診断

☆４月～５月ごろ，イスノキの展開した葉に，５mmくらいの球形の膨らみ（虫こぶ）ができる。その中でヤノイスアブラムシが吸汁する。虫こぶは赤～赤紫色になり，美観を損なう。

・吸汁によって枝の伸長が妨げられたり落葉するので，多発すると樹勢が衰える。

・７月ごろに寄主転換を行い，中間宿主のコナラに移り，10月にイスノキに戻って越冬の準備をする。

防除法

・葉が展開し吸汁を始める時期（虫こぶをつくる前）に殺虫剤を散布する。

月	1	2	3	4	5	6	7	8	9	10	11	12
発生時期				幼虫・成虫(イスノキ)				(コナラ)		(イスノキ)		[新芽で卵越冬]
防除時期												

番号：虫－2

イヌツゲ　ナミハダニ　（ダニ目：ハダニ科）

（提供：木﨑　忠重氏）

発生樹種：ツゲ類，モクセイ，ミカン類，リンゴ，ナシ，モモ，ウメなどに寄生する。

被害と診断

・体色は赤から深紅色で体長は0.3～0.5mmのだ円形をしている。

・１年に13～14回世代を繰り返し，初夏と秋に多発する。

・吸汁性害虫で，発生が多くなると葉の細胞が壊れ，白色の小斑点になり，葉の艶が極端になくなる。

防除法

・ハダニが発生すると樹勢が劣るので，発見次第殺ダニ剤の散布が望ましい。

月	1	2	3	4	5	6	7	8	9	10	11	12
発生時期				幼虫・成虫（世代を繰り返す）								
防除時期												

番号：虫−3

ウメ　アブラムシ類　（カメムシ目：アブラムシ科）

発生樹種：ウメ，モモ，サクラやイネ科雑草にも発生する。

被害と診断

- 4月〜5月に新梢に群がって発生し，生育を阻害する。
- 同じ時期に葉を捲葉する症状を見かけるがこれはスモモオマルアブラムシやムギワラキクオマルアブラムシでこの被害も大きい。
- そのほかモモアカアブラムシなども多く発生する。
- 6月に入るとオカボノアカアブラムシはイネなどに，ムギワラキクオマルアブラムシはキクに，モモアカアブラムシはナス科植物に移動する。

防除法

- 生育阻害だけでなく，ウイルスの媒介やすす病の原因になるので早期に発見し，薬剤防除が望ましい。

（提供：木﨑　忠重氏）

月	1	2	3	4	5	6	7	8	9	10	11	12
発生時期				幼虫・成虫	幼虫・成虫							
防除時期				↑		↑						

番号：虫−4

ウメ　ウメシロカイガラムシ　（カメムシ目：マルカイガラムシ科）

発生樹種：ウメ，サクラ，モクセイ類，エニシダ，ライラックなどに発生する。

被害と診断

☆幹や枝の陽の当たらない場所に寄生するので，下から見上げると白い虫が見える。多発すると樹勢が衰える。

- 幹が白くなり目立つのは，大きさが1mmほどの細長い雄成虫が群生し，雌を覆いつくすためである。
- 幼虫の発生は年2〜3回である。

防除法

- 手が届くところであればブラシではぎ取る。
- 多発した場合は，幼虫の発生期とウメの休眠期（冬期）に殺虫剤を散布する。

（提供：木﨑　忠重氏）

月	1	2	3	4	5	6	7	8	9	10	11	12
発生時期					幼虫		幼虫		幼虫		［樹上で成虫越冬］	
防除時期	〈休眠期防除〉				↑ 幼虫防除		↑ 幼虫防除		↑ 幼虫防除			

番号：虫－5

ウメ　コスカシバ（チョウ目：スカシバガ科）

（提供：木﨑　忠重氏）

発生樹種：ウメ，サクラ，モモなどに発生する。

被害と診断

☆樹幹の樹皮から樹脂やふんが流れ出る。被害部の樹皮の下には白い幼虫がいる。

- 被害が大きくなると樹勢が衰えたり，枯死する。胴枯病などの病気を併発することがある。
- 成虫の発生は年１回である。

防除法

- 被害を見つけたら，被害部の皮をはいで，中にいる幼虫を捕殺する。
- 産卵と幼虫の食入を防止するため，樹幹塗布剤を塗布する。

月	1	2	3	4	5	6	7	8	9	10	11	12
発生時期					成虫（長期間発生）							[樹上で成虫越冬]
防除時期				幼虫の捕殺				産卵・幼虫の食入防止				

番号：虫－6

ウメ　タマカタカイガラムシ（カメムシ目：カタカイガラムシ科）

（提供：木﨑　忠重氏）

発生樹種：ウメ，サクラ，カイドウ，リンゴ，スモモ，カナメモチなどに発生する。

被害と診断

- 成虫は４～５mmの円形で，光沢のある赤褐色から暗褐色の硬い硬皮に包まれ，暗色の横斑がある。
- ５月中旬に産卵，５月下旬～６月中旬にふ化幼虫が発生する。

防除法

- 発生を見たら，ブラシなどで成虫を除去するか，発生の多い枝を除去する。
- ふ化幼虫期に薬剤を散布する。

月	1	2	3	4	5	6	7	8	9	10	11	12
発生時期						ふ化幼虫						
防除時期					↑	↑↑						

番号：虫－7

キョウチクトウ　アオバハゴロモ　（カメムシ目：ハゴロモ科）

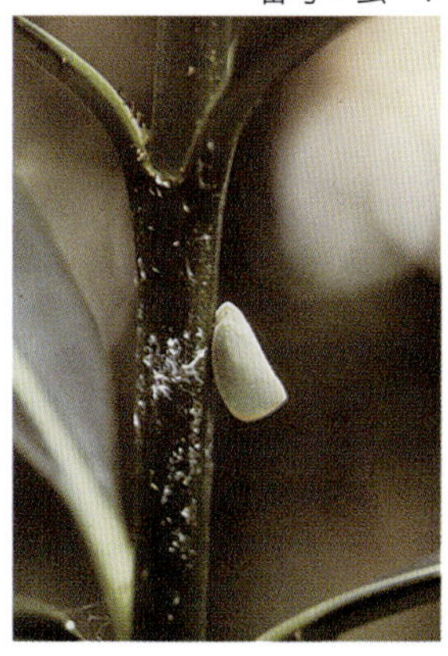

（提供：木﨑　忠重氏）

発生樹種：キョウチクトウ，アジサイ，クチナシ，カナメモチ，カシ類，ツバキなど多くの広葉樹に発生する。

被害と診断

☆成虫・幼虫ともに新梢の葉，枝から吸汁する。吸汁による被害はさほど問題にならないが，幼虫の白い綿状の糸が木に残り見苦しい。

・成虫の発生は年１回である。

防除法

・成虫・幼虫ともに素早く動くので捕殺できないため，殺虫剤を散布する。

・剪定により通風・日照をよくして，発生を防ぐ。

・枯れ枝に産卵するので枯れ枝を除去する。

月	1	2	3	4	5	6	7	8	9	10	11	12
発生時期					幼虫	幼虫	成虫	成虫			［枯れ枝で卵越冬］	
防除時期					↑		↑					

番号：虫－8

キョウチクトウ　キョウチクトウアブラムシ　（カメムシ目：アブラムシ科）

（提供：木﨑　忠重氏）

発生樹種：キョウチクトウに発生する。

被害と診断

☆５月～６月に，新梢や葉の裏，花梗（かこう）（花を支えている小枝）などに黄色のアブラムシが群がって吸汁する。

・新梢の成長が抑制されたり，花が少なくなるなどの被害が発生する。排せつ物にすす病が発生するので，葉が黒くなり美観が損なわれる。

・越冬場所は明らかでない。

・５月～11月ごろまで世代を繰り返す。

防除法

・発生期間が長いので，春の防除を重点として行い，その後は発生したら秋まで殺虫剤を散布する。

月	1	2	3	4	5	6	7	8	9	10	11	12
発生時期					幼虫・成虫（世代を繰り返す）（5月～11月）							
防除時期					↑							

番号：虫－9

キンモクセイ　ミカンハダニ　（ダニ目：ハダニ科）

（提供：木﨑　忠重氏）

発生樹種：キンモクセイ，ネズミモチなどの樹木，ミカン，ナシなどの果樹に発生する。

被害と診断

☆0.5mmほどの赤褐色の小さい虫が葉の裏にいて吸汁する。キンモクセイでの被害は吸汁によって細胞が壊されて，葉が白く脱色し美観を損なう。

・多発すると樹勢が衰え落葉が早まる。

・6月～7月，10月～11月の高温で乾燥したときに多発する。

・成虫の発生は年10回以上である。

防除法

・発生に注意し，発生したらすぐに殺虫剤を散布する。

月	1	2	3	4	5	6	7	8	9	10	11	12
発生時期				成虫・幼虫（4～11月）							［樹上で卵・成虫・幼虫越冬］	
防除時期												

番号：虫－10

クチナシ　オオスカシバ　（チョウ目：スズメガ科）

（提供：木﨑　忠重氏）

発生樹種：クチナシに発生する。

被害と診断

☆尾に角がある大型のアオムシが葉を食いつくす。

・幼虫は60～70mmほどになる。淡青緑色で葉の色に似る。側面に斑点がある。

・成虫の発生は年2回である。

防除法

・幼虫による食害痕を早く発見し，発生初期に捕殺したり殺虫剤を散布する。

月	1	2	3	4	5	6	7	8	9	10	11	12
発生時期						幼虫（長期間発生）（6～9月）						［土・落葉中で蛹越冬］
防除時期						↑						

番号：虫－11

クリ　クリオオアブラムシ　（カメムシ目：アブラムシ科）

（提供：木﨑　忠重氏）

発生樹種：クリ，クヌギ，カシ類，コナラなどに発生する。

被害と診断

☆黒い大きなアブラムシが，新梢に群がって吸汁しているので目立ち，美観を損なうことがある。多発すると新梢の生育が衰える。

・4月ごろ，クリの幹にある越冬卵からふ化し，新梢に移動して吸汁する。成虫は世代を繰り返したのち，夏にクヌギ，カシなどに分散する。秋にクリに戻り11月ごろ，幹の南側に大きな黒い卵を固めて産む。

防除法

・冬期に集団となっている卵を圧殺する。

・通常の発生では実害がなく，防除の必要はない。

・発生が多ければ殺虫剤を散布する。

月	1	2	3	4	5	6	7	8	9	10	11	12
発生時期				クリに発生		クヌギなどに分散						［樹上で卵越冬］
防除時期												

番号：虫－12

ゲッケイジュ　トビイロマルカイガラ　（カメムシ目）

（提供：木﨑　忠重氏）

発生樹種：カシ類，ゲッケイジュ，シロモダ，シャリンバイ，ツゲ，モチノキ，イヌツゲ，マサキ，ツバキ，カクレミノ，ネズミモチ，モクセイなど多くの樹種に寄生する。主に常緑樹に多く発生するがクロマツなどに発生することがある。

被害と診断

・濃赤褐色をした2mmほどのだ円形で，中央部が少し隆起した介殻を持ち，葉に寄生する。

・チョコレート色で，常緑広葉樹に寄生するマルカイガラはほとんどが本種である。

・温室でよく発生する類似のマルカイガラはアカホシマルカイガラが多い。

防除法

・被害葉は除去する。

・ふ化幼虫期に薬剤を散布する。

月	1	2	3	4	5	6	7	8	9	10	11	12
発生時期				ふ化幼虫								
防除時期				↑	↑							

番号：虫－13

ケヤキ　ケヤキフクロカイガラムシ　（カメムシ目：フクロカイガラムシ科）

（提供：木﨑　忠重氏）

発生樹種：ケヤキに発生する。

被害と診断

☆ケヤキの小枝や幹に白いカイガラムシが寄生し，その後，すす病が発生して樹皮が真っ黒になる。

・寄生によって，小枝が枯れたり，樹勢が著しく衰える。

・雌成虫の大きさは3mm程度で，灰白色の袋状（殻のう）をしている。

・幼虫の発生は年1回である。

防除法

・幼虫の発生期と，ケヤキの休眠期（冬期）に殺虫剤を散布する。

月	1	2	3	4	5	6	7	8	9	10	11	12
発生時期					幼虫							［樹上で幼虫越冬］
防除時期	〈休眠期防除〉				幼虫防除 ↑ ↑							

番号：虫－14

サクラ　アメリカシロヒトリ　（チョウ目：ヒトリガ科）

（提供：木﨑　忠重氏）

発生樹種：サクラ，プラタナスなど広葉樹のほとんどすべてに発生する。

被害と診断

☆サクラなどの葉に幼虫が群がって食べる。初期は葉の表皮と葉脈だけを残し食べるので，葉が透けて見える。大きくなると分散して葉をすべて食べるので丸坊主になる。

・老熟幼虫の大きさは約30mm，背は灰黒色，側面は淡黄色で黒点があり，蛹となるために樹幹の溝や落葉に移動する。

・成虫の発生は年2回である。

防除法

・幼虫が集団でいれば枝を切除する。

・幼虫の発生初期に殺虫剤を散布する。

月	1	2	3	4	5	6	7	8	9	10	11	12
発生時期						幼虫		幼虫				［樹幹で蛹越冬］
防除時期						↑ ↑		↑ ↑				

番号：虫－15

サクラ　イラガ（チョウ目：イラガ科）

発生樹種：雑食性でサクラ，ウメ，カエデ，モミジ，ケヤキなど多くの樹木に発生する。

被害と診断

☆イラガ類の幼虫は背に有毒なとげがあって触れるとすごく痛い。幼虫は単独で暮らして葉を食害するが，大きな被害が発生するおそれはない。

・イラガ（写真：上）は，幹や枝上に球状の固い繭（写真：右下）をつくり，その中で越冬する。

・イラガ類にはイラガのほかアオイラガ（写真：左下），テングイラガなどがある。

・成虫の発生は年1～2回である。

防除法

・幼虫を見つけたら捕殺する。

・冬にマユをたたいて蛹をつぶす。

・多発した場合は殺虫剤を散布する。

（提供：木﨑　忠重氏）

月	1	2	3	4	5	6	7	8	9	10	11	12
発生時期						幼虫	幼虫	幼虫	幼虫		［樹上で前蛹越冬］	
防除時期						↑		↑				

番号：虫－16

サクラ　クワシロカイガラムシ（カメムシ目：マルカイガラムシ科）

発生樹種：ヤマザクラなどのサクラ類のほか，多くの樹木に発生する。

被害と診断

☆樹木の枝や幹に，雌を取り囲んだ長さ1mmほどの白色で棒状の雄成虫が群生して真っ白になる。

・多発すると木が衰弱したり，美観が損なわれる。

・幼虫の発生は年2回である。

防除法

・幼虫の発生期とサクラの休眠期（冬期）に殺虫剤を散布する。

（提供：木﨑　忠重氏）

月	1	2	3	4	5	6	7	8	9	10	11	12
発生時期					幼虫			幼虫			［樹上で幼虫越冬］	
防除時期	〈休眠期防除〉				↑↑ 幼虫防除			↑ 幼虫防除 ↑				

番号：虫－17

サクラ　サクラフシアブラムシ　（カメムシ目：アブラムシ科）

（提供：木﨑　忠重氏）

発生樹種：サクラ類に発生する。

被害と診断

☆新葉の展開期に，葉裏に寄生して葉の縁の一部を袋状に巻いた虫こぶをつくり，その中で吸汁する。

・虫こぶは，紅色となるので目立ち，美観が損なわれる。

・新梢の葉が次々と加害されるため，新梢の伸長が阻害されたり，樹勢が衰える。

・寄主転換を行い，5月以降は中間宿主のヨモギに移って夏を過ごし，秋になってサクラに戻り産卵する。

防除法

・葉の展開する時期に，被害を見つけたら，すぐに殺虫剤を散布する。

月	1	2	3	4	5	6	7	8	9	10	11	12
発生時期				幼虫・成虫（サクラ）			（ヨモギ）			（サクラ）		［樹上で卵越冬］
防除時期				↑								

番号：虫－18

サクラ　モンクロシャチホコ　（チョウ目：シャチホコ科）

発生樹種：サクラに発生することが多い。そのほかにウメ，カエデ，カシなどの広葉樹に発生する。

被害と診断

☆サクラなどに大発生すると，葉を食べつくして大きな被害をもたらす。

・幼虫は，初め赤褐色で葉裏に集団で暮らす。老熟幼虫は紫褐色で，大きさは約50mmとなる。

・サクラケムシともいう。

・成虫の発生は年１回である。

防除法

・幼虫が集団でいるときに捕殺する。

・幼虫が小さいうちに殺虫剤を散布する。

（提供：木﨑　忠重氏）

（提供：林　直人氏）

月	1	2	3	4	5	6	7	8	9	10	11	12
発生時期							幼虫					［土の中で蛹越冬］
防除時期							↑					

番号：虫－19

サンゴジュ　**サンゴジュハムシ**（コウチュウ目：ハムシ科）

（提供：木﨑　忠重氏）

発生樹種：サンゴジュ，ガマズミ，ニワトコに発生する。

被害と診断

☆成虫・幼虫ともに食害する。春の幼虫の食害は葉に不規則な穴をあけ，夏の成虫の食害は片面を食べ食害痕が褐変して汚い。

・被害の発生期間は長い。成虫の発生は夏に減少するが，秋に再び多くなる。

・老熟幼虫の大きさは約10mmで，成虫は5～7mmで黄褐色である。

・成虫の発生は年1回である。

防除法

・幼虫と成虫の発生初期に殺虫剤を散布する。

月	1	2	3	4	5	6	7	8	9	10	11	12
発生時期				幼虫	幼虫		成虫	成虫	成虫			［枝での卵越冬］
防除時期				↑ ↑			↑	↑				

番号：虫－20

サンゴジュ　**モンクキバチ**（ハチ目：クキバチ科）

（提供：木﨑　忠重氏）

発生樹種：サンゴジュに発生する。

被害と診断

☆4月～6月の新梢が伸びるころに，枝先が急にしおれ，茶色く枯れる。

・雌成虫が飛来して産卵するときに，鋸歯状（きょしじょう）の産卵管で枝に傷をつけるためにしおれる。

・枯れ枝が目立つので見苦しい。発生が多いと樹形が変わることがある。

・幼虫は被害枝の内部に食入して暮らす。

・成虫の発生は年1回である。

防除法

・被害枝の中に幼虫がいるので，被害枝を切除して被害の拡大を防ぐ。

・産卵に来る成虫を殺虫剤で防除する。そのため被害が発生する時期に散布を定期的に行う。

月	1	2	3	4	5	6	7	8	9	10	11	12
発生時期				成虫	成虫	成虫	成虫					［被害枝で幼虫越冬］
防除時期				↑ ↑		↑ ↑						

番号：虫－21

タケ・ササ類　タケスゴモリハダニ　（ダニ目）

（提供：木崎　忠重氏）

発生樹種：タケ・ササ類

被害と診断

・葉の表面に淡黄色の斑模様ができ，裏面にはクモの巣状の白い膜ができる。

・裏面の白い膜の中にダニが群生する。

防除法

・症状が酷いときは刈り込みを行う。

・発見次第，殺ダニ剤を散布する。

月	1	2	3	4	5	6	7	8	9	10	11	12
発生時期				幼虫・成虫（4月～10月）								
防除時期												

番号：虫－22

タケ・ササ　タケノホソクロバ　（チョウ目：マダラガ科）

（提供：神奈川県農業技術センター）

発生樹種：タケ類，ササに発生する。

被害と診断

☆小さな幼虫が群がって葉の裏側の葉肉を食べるので，被害葉は白くなり目立つ。大きくなった幼虫は葉の全体を食べる。

・タケケムシともいう。

・幼虫による食害は６月～７月に盛期となる。

・幼虫には毒を持った毛があり，触れると発疹ができるので注意が必要である。

・成虫の発生は年２回である。

防除法

・幼虫の発生初期に殺虫剤を散布する。

月	1	2	3	4	5	6	7	8	9	10	11	12
発生時期					幼虫（5月中旬～8月）						［樹上で幼虫・蛹越冬］	
防除時期												

番号：虫－23

タケ・ササ　**タケフクロカイガラムシ**　（カメムシ目：フクロカイガラムシ科）

（提供：木﨑　忠重氏）

発生樹種：タケ・ササ類に発生する。
被害と診断
☆白い3mm程度のだ円形の雌成虫（殻のう）が葉柄の基部に寄生する。すす病を誘発して黒くするため，美観を損なう。
・加害によって，樹勢が衰える。
・幼虫の発生は年2回である。
防除法
・被害を受けた枝を切除する。
・幼虫の発生期に殺虫剤を散布する。

月	1	2	3	4	5	6	7	8	9	10	11	12
発生時期					幼虫		幼虫					［樹上で幼虫越冬］
防除時期					↑		↑					

番号：虫－24

ツゲ　**ツゲノメイガ**　（チョウ目：メイガ科）

（提供：木﨑　忠重氏）

発生樹種：ツゲ類のボックスウッドに多発する。
被害と診断
☆4月～5月ごろの新梢の葉が糸でつづられ，その中で幼虫が葉を食害する。
・若い幼虫は葉肉だけを食べるので，葉が白くなり被害が目立つ。大きくなった幼虫は葉を食べつくすので，発生量が多いと枝が枯れる。
・生態の詳細は明らかでない。
防除法
・幼虫の発生は，巣をつくるので分かりやすい。幼虫の発生初期に殺虫剤を散布する。

月	1	2	3	4	5	6	7	8	9	10	11	12
発生時期					幼虫							
防除時期					↑							

番号：虫－25

ツツジ・サツキ類 ゴマフボクトウ （チョウ目：ボクトウガ科）

（提供：木﨑　忠重氏）

発生樹種：ツツジ，サツキ，カシ，カエデ，ツバキ，サザンカなど多くの樹木に発生する。

被害と診断

☆幹の地面に近いところに食入して孔（あな）をあけるので葉が黄化し，やがて枝が枯れたり，幹全体が枯れる。

・幼虫は幹や枝に潜って食べ，食入孔から淡赤色の固めたふんを出すので被害の発生が分かる。

・成虫の発生は年1回である。

防除法

・地表面に落ちたふんを見つけたら，食入孔から殺虫剤を注入して中の幼虫を殺す。

月	1	2	3	4	5	6	7	8	9	10	11	12
発生時期							成虫	成虫	幼虫			［幹の中で幼虫越冬］
防除時期												

番号：虫－26

ツツジ・サツキ類 ツツジグンバイ （カメムシ目：グンバイムシ科）

（提供：神奈川県農業技術センター）

（提供：木﨑　忠重氏）

発生樹種：ツツジ，サツキ，シャクナゲ，アジサイなどに発生する。

被害と診断

☆ツツジ類の葉の裏側に成虫と幼虫が群がって吸汁する。そのため，葉の表側の緑色が失われてかすり状の黄白色となり，美観を損なう。

・葉裏にはふんの黒点や脱皮殻がつく。

・成虫は3～4mmで相撲の軍配の形をしているのでグンバイムシと呼ぶ。

・成虫の発生は年4～5回である。

防除法

・発生したら殺虫剤を散布する。

・発生は長期間に及ぶので定期的に散布する。

月	1	2	3	4	5	6	7	8	9	10	11	12
発生時期				成虫・幼虫（長期間発生）	成虫・幼虫（長期間発生）	成虫・幼虫（長期間発生）	成虫・幼虫（長期間発生）	成虫・幼虫（長期間発生）	成虫・幼虫（長期間発生）	成虫・幼虫（長期間発生）		［落葉の間で成虫越冬］
防除時期												

番号：虫－27

ツツジ・サツキ　**ツツジコナジラミ**　（カメムシ目）

（提供：木﨑　忠重氏）

発生樹種：ツツジ・サツキ類に発生する。

被害と診断

- 成虫の体長は約1 mmで，羽は白い粉で覆われている。
- 成虫は活発に飛び回り，主に葉裏に寄生する。
- すす病を誘発する。

防除法

- 被害植物の葉を揺すると成虫の飛び回るのが確認できるので早期の薬剤防除が望ましい。

<table>
<tr><th>月</th><th>1</th><th>2</th><th>3</th><th>4</th><th>5</th><th>6</th><th>7</th><th>8</th><th>9</th><th>10</th><th>11</th><th>12</th></tr>
<tr><td>発生時期</td><td></td><td></td><td></td><td></td><td colspan="6">成虫</td><td></td><td></td></tr>
<tr><td>防除時期</td><td></td><td></td><td></td><td></td><td></td><td></td><td></td><td></td><td></td><td></td><td></td><td></td></tr>
</table>

番号：虫－28

ツツジ・サツキ類　**ベニモンアオリンガ**　（チョウ目：ヤガ科）

（提供：木﨑　忠重氏）

発生樹種：ツツジ，サツキ，シャクナゲに発生する。

被害と診断

☆春に新芽が伸びるころ，先端の葉と芽がしおれ，すぐに赤く枯れる。これは幼虫が新芽の軸をかじるためである。

- 夏には幼虫が花芽（つぼみ）の内部に侵入して食害するので，花芽は枯れて脱落し，翌年の花が少なくなる。
- ツボミムシともいう。
- 成虫の発生は年2回である。

防除法

- グンバイムシの防除を兼ねて5月～10月ごろまで定期的に殺虫剤を散布する。

<table>
<tr><th>月</th><th>1</th><th>2</th><th>3</th><th>4</th><th>5</th><th>6</th><th>7</th><th>8</th><th>9</th><th>10</th><th>11</th><th>12</th></tr>
<tr><td>発生時期</td><td></td><td></td><td></td><td></td><td colspan="2">幼虫</td><td></td><td colspan="2">幼虫</td><td></td><td colspan="2">[葉や枝で蛹越冬]</td></tr>
<tr><td>防除時期</td><td></td><td></td><td></td><td></td><td></td><td></td><td></td><td></td><td></td><td></td><td></td><td></td></tr>
</table>

番号：虫－29

ツツジ・サツキ類 **ミノムシ類**（チョウ目：ミノガ科）

（提供：木﨑　忠重氏）

発生樹種：ツツジ，サツキ，サクラ，カエデなど極めて多くの樹木に発生する。

被害と診断

☆円筒形の，みの（簑）が枝から下っている。その中で幼虫が葉を食べ，ときに枝や樹皮まで食べる。

・主な種類としては２種類ある。オオミノガはみのの周囲を葉の断片でつくり，チャミノガは周囲に小枝を並べる。

・チャミノガは越冬幼虫が春に大きな被害をもたらす。

防除法

・みのを見つけて捕殺する。

・高い木の上にいるものは，殺虫剤を散布する。みのの中にいるために殺虫剤がかかりにくいので，少量がかかっただけでも効果が得られる小さいうちに防除する。

月	1	2	3	4	5	6	7	8	9	10	11	12
発生時期	越冬幼虫	越冬幼虫	越冬幼虫	越冬幼虫			幼虫	幼虫	幼虫	幼虫	［みのの中で越冬］	
防除時期							↑	↑				

番号：虫－30

ツツジ・サツキ類 **ルリチュウレンジ**（ハチ目：ミフシハバチ科）

（提供：木﨑　忠重氏）

発生樹種：ツツジ，サツキに発生する。

被害と診断

☆ツツジなどの葉に幼虫が群がって，葉の中軸だけ残して食べる。多発すると枝の先端部分まで食べて丸坊主にする。

・幼虫は約25mmの淡黄緑色で，全身に黒い点がある。

・成虫の発生は年３回である。

防除法

・幼虫を見つけたら捕殺する。

・幼虫の発生初期に殺虫剤を散布する。

月	1	2	3	4	5	6	7	8	9	10	11	12
発生時期					幼虫	幼虫		幼虫		幼虫	［土の中で幼虫越冬］	
防除時期					↑			↑		↑		

番号：虫－31

ツバキ　カメノコロウムシ　（カメムシ目：カタカイガラムシ科）

発生樹種：ツバキ，サザンカ，モチノキ，モッコクなど極めて多くの広葉樹に発生する。

被害と診断

☆枝や葉に寄生して樹液を吸うため，樹勢が衰えたり，枝が枯れたりする。すす病を誘発して樹木を黒くし，美しさを損なう。

- 雌成虫（写真：上）は白色又は桃色のろう物質で厚く覆われている。大きさは4 mm程度で亀の甲羅状をしている。
- 幼虫（写真：下）の発生は年1回である。
- 秋には葉から枝，幹に移動する。
- ツノロウムシよりロウ物質がやや固い。

防除法

- 少発生であれば，ブラシでかき取る。
- 剪定により通風・日照をよくし予防する。
- 幼虫の発生期とツバキの休眠期（冬期）に殺虫剤を散布する。

（提供：木﨑　忠重氏）

月	1	2	3	4	5	6	7	8	9	10	11	12
発生時期							幼虫					［樹上で成虫越冬］
防除時期	〈休眠期防除〉						↑ ↑ 幼虫防除					

番号：虫－32

ツバキ　チャドクガ　（チョウ目：ドクガ科）

（提供：神奈川県農業技術センター）

発生樹種：ツバキ，サザンカ，チャだけに発生する。

被害と診断

☆幼虫は，初め葉の裏で食害するため，葉の表側に黄色い模様ができる。幼虫は群れをなして食害する。

- 成虫・幼虫・脱皮殻に毒毛があり，卵塊にも成虫の毒毛がついているので，触れると激しいかゆみを伴う発疹ができる。
- 幼虫の色は黄色から黄褐色で，成虫の色は黄褐色である。
- 成虫の発生は年2回である。

防除法

- 幼虫を見つけたら，注意して捕殺する。
- 幼虫の発生初期に殺虫剤を散布する。

（提供：木﨑　忠重氏）

月	1	2	3	4	5	6	7	8	9	10	11	12
発生時期				幼虫			幼虫					［葉の裏で卵越冬］
防除時期				↑			↑					

番号：虫－33

ツバキ　チャノマルカイガラムシ　（カメムシ目：マルカイガラムシ科）

（提供：木﨑　忠重氏）

発生樹種：ツバキ，サザンカ，ツゲ，ツツジ，モチノキ，カナメモチ，ヤマモモなど極めて多くの樹木に発生する。

被害と診断

☆枝と幹に，チャノマルカイガラムシがはがれ落ちた跡の丸い5mmくらいの白色の点がついている。

- 加害により樹勢が衰えて枝が枯れる。葉には寄生しない。
- 雌成虫は5mm程度の茶褐色で，平らな形をして枝・幹の粗皮の下に入っているために，多発するまで気づかないことが多い。
- 幼虫の発生は年1回である。

防除法

- 少発生であれば布などでこすり取る。
- 発生の多い枝を切除して，通風をよくし予防する。
- 幼虫の発生期とツバキの休眠期（冬期）に殺虫剤を散布する。

月	1	2	3	4	5	6	7	8	9	10	11	12
発生時期						幼虫						［樹上で成虫越冬］
防除時期	〈休眠期防除〉				↑	↑ 幼虫防除						

番号：虫－34

トウカエデ　モミジワタカイガラムシ　（カメムシ目：タマカタカイガラムシ科）

（提供：木﨑　忠重氏）

発生樹種：トウカエデなどのカエデ類，カシ類，シラカバ，ケヤキ，マテバシイなどに発生する。

被害と診断

☆枝・幹の割れめや樹皮の下などに寄生して樹液を吸うため，樹勢が衰える。

- 雌成虫の大きさは約8mmと大きいが，殻は灰色から褐色で見つけにくい。しかし，卵のうを形成すると白く目立つ。
- 幼虫の発生は年1回である。

防除法

- 少発生であれば，ブラシでかき取る。
- 剪定により通風・日照をよくし予防する。
- 発生が多いときは，幼虫の発生期とトウカエデの休眠期（冬期）に殺虫剤を散布する。

月	1	2	3	4	5	6	7	8	9	10	11	12
発生時期						幼虫						［樹上で成虫越冬］
防除時期	〈休眠期防除〉					↑ ↑ 幼虫防除						

番号：虫－35

トベラ　**トベラキジラミ**　（カメムシ目：キジラミ科）

（提供：木﨑　忠重氏）

発生樹種：トベラに発生する。

被害と診断

☆新梢が伸びるころに，新葉が展開せず，その周囲に白い糸状のろう物質がついたり，すす病が発生して美観を損なう。

- 淡緑色の小さな幼虫が葉裏で吸汁するので葉が細く巻いたり，不規則に縮れて変形する。
- 5月～6月に被害の発生が激しい。
- 幼虫の発生は年2～3回である。

防除法

- 新芽が伸長する4月から殺虫剤を散布する。

月	1	2	3	4	5	6	7	8	9	10	11	12
発生時期				成虫・幼虫（長期間発生）							［主に成虫越冬］	
防除時期				↑	↑ ↑							

番号：虫－36

ナンテン　**イセリアカイガラムシ**　（カメムシ目：ワタフキカイガラムシ科）

（提供：木﨑　忠重氏）

発生樹種：ナンテン，トベラ，モチノキなど多くの樹木に発生する。

被害と診断

☆新梢に寄生して樹液を吸うため，樹勢が衰えたり，枝が枯れたりする。

- 大型の白い卵のうをつけた雌成虫が集まっているので，よく目立ち見苦しい。
- 幼虫の発生は不規則であるが，6月と8月に多く発生する。
- 幼虫の発生は年2～3回である。

防除法

- ナンテンであれば，ブラシでかき取る。
- 剪定により通風・日照をよくし予防する。
- 背が高い木では殺虫剤を散布する。

月	1	2	3	4	5	6	7	8	9	10	11	12
発生時期						幼虫					［樹上で成虫越冬］	
防除時期						↑ 幼虫防除		↑ 幼虫防除				

番号：虫－37

バラ　アカスジチュウレンジ　（ハチ目：ミフシハバチ科）

発生樹種：バラ類に発生する。

被害と診断

☆5月ごろに全身が黄緑色で黒い斑点のある幼虫が，バラの葉に群がって食べるので，枝を残して丸坊主になる。

・雌成虫が，若い枝に縦にすじ状の傷をつけて産卵する。のちに茎が裂けて黒くなるので観賞価値を失う。

・成虫の発生は年3～4回である。

防除法

・成虫・幼虫を見つけたら捕殺する。

・幼虫の発生期に殺虫剤を散布する。

（提供：木﨑　忠重氏）

月	1	2	3	4	5	6	7	8	9	10	11	12
発生時期					幼虫					幼虫		［土の中で幼虫越冬］
防除時期					↑							

番号：虫－38

バラ　クロケシツブチョッキリ　（コウチュウ目：オトシブミ科）

発生樹種：バラ，サルスベリ，ウバメガシなどに発生する。

被害と診断

・5月～6月ごろにバラなどの新梢の先端部分がしおれて垂れ下がり，枯死する。

・開花直前の花蕾に被害を受けると開花せず枯死する。

・これらの被害は長い口吻によって傷をつけ産卵するために起こる。

防除法

・新梢の被害を認めたら，その周囲にいる成虫を捕殺する。

・殺虫剤を散布する。

（提供：木﨑　忠重氏）

月	1	2	3	4	5	6	7	8	9	10	11	12
発生時期					成虫							
防除時期					↑ ↑							

番号：虫－39

バラ　ドウガネブイブイ　（コウチュウ目：コガネムシ科）

（提供：林　直人氏）

発生樹種：ほとんどすべての樹木に発生する。特にバラ，サクラ，ツツジ，ウメ，ヤナギ，ポプラなどを好む。

被害と診断

☆成虫は体長が20mmほどの大型で銅色のコガネムシで，夕方から夜中に樹木に飛来して，葉を食い荒らす。

・産卵は浅い土の中で行われ，ふ化した乳白色の幼虫は近くの分解物や植物の根を食べて育つ。

・成虫の発生は年1回である。

防除法

・日中は葉陰にいて動かない成虫を捕殺する。

・成虫の発生期に殺虫剤を散布するが，次々と飛来するので，被害を完全に防ぐことは難しい。

月	1	2	3	4	5	6	7	8	9	10	11	12
発生時期								成虫				［土の中で幼虫越冬］
防除時期												

番号：虫－40

バラ　バラシロカイガラムシ　（カメムシ目：マルカイガラムシ科）

（提供：木﨑　忠重氏）

発生樹種：バラ，ノイバラ，ハマナス，キイチゴなどに発生する。

被害と診断

・主として枝・幹に寄生するが葉裏にも発生する。

・雌の介殻は2mmのだ円形で白く，虫体は黄色，成熟して赤褐色となる。

防除法

・発生した枝を切除する。

月	1	2	3	4	5	6	7	8	9	10	11	12
発生時期						成虫・幼虫						
防除時期												

番号：虫－41

ヒイラギ　テントウノミハムシ　（コウチュウ目：ハムシ科）

（提供：木﨑　忠重氏）

発生樹種：ヒイラギ，モクセイ，ヒイラギモクセイ，ヤチダモ，イボタなどに発生する。

被害と診断

☆成虫・幼虫ともに葉を食害する。春と秋にテントウムシに似た飛びはねる成虫が葉を食べる。

・６月～７月ごろに幼虫が葉肉内に潜って葉を食べる。

・被害を受けた葉は，傷痕が黒くなり見苦しい。

・成虫の発生は年１回である。

防除法

・越冬場所となる落葉を除去し，焼却する。

・成虫・幼虫の発生に注意し，食害を始めたら殺虫剤を散布する。

月	1	2	3	4	5	6	7	8	9	10	11	12
発生時期					越冬成虫	幼虫		第１世代成虫			［落葉の下など	で成虫越冬］
防除時期					↑	↑		↑				

番号：虫－42

ヒメリンゴ　オトシブミ　（コウチュウ目：オトシブミ科）

（提供：木﨑　忠重氏）

発生樹種：ヒメリンゴ，バラ，サルスベリ，ツツジ，クリなどに発生する。

被害と診断

☆新葉が円筒状に巻かれてぶら下がり，茶色に枯れて美観を損なう。

・５月～６月ごろに雌成虫が葉を巻いて，その中に産卵する。やがて円筒は落下し，幼虫は円筒の中で葉を食べて育つ。

・ヒメクロオトシブミともいう。

・生態の詳細は明らかでない。

防除法

・被害の発生に注意し，見つけたら成虫の捕殺と被害部の除去を行う。

・成虫の発生期に殺虫剤を散布する。

月	1	2	3	4	5	6	7	8	9	10	11	12
発生時期					成虫							
防除時期												

番号：虫−43

ヒメリンゴ　**ナシホソガ**　(チョウ目：ホソガ科)

(提供：木﨑　忠重氏)

発生樹種：ヒメリンゴ，ボケ，ナシなどに発生する。

被害と診断

☆幼虫が若い枝の表皮下に入り，浅い部分を食べながら移動する。被害部分が大きくなると，表皮がはがれる。

- 幼虫の大きさは6〜8mmで褐色をしている。
- 表皮のはがれたところから胴枯病菌が侵入したり，ハダニなどの潜伏場所となる。
- ナシノカワモグリともいう。
- 成虫の発生は年2回である。

防除法

- 被害部の中にいる幼虫や蛹をつぶす。
- 成虫の産卵防止と発生直後の幼虫を防除するため，7月〜9月に殺虫剤を散布する。

月	1	2	3	4	5	6	7	8	9	10	11	12
発生時期				越冬幼虫			成虫	幼虫			[枝の表皮下で幼虫越冬]	
防除時期												

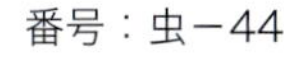

番号：虫−44

フヨウ　**フタトガリコヤガ**　(チョウ目)

(提供：木﨑　忠重氏)

発生樹種：フヨウ，ムクゲ，アオイ，ワタ，オクラなどに発生する。

被害と診断

- 幼虫は体長35〜40cmで深緑色で背中に幅広の黄色い線が走り，気門及び刺毛基部に黒色の斑を持つ。
- 幼虫は葉の表面で食害する。
- 幼虫の発生は6月〜7月，9月〜10月である。

防除法

- 発見次第捕殺する。

月	1	2	3	4	5	6	7	8	9	10	11	12
発生時期						幼虫			幼虫			
防除時期												

番号：虫－45

プラタナス　**コウモリガ**　（チョウ目：コウモリガ科）

（提供：神奈川県農業技術センター）

発生樹種：雑食性で，プラタナス，ポプラ，カシ，ナラ，クヌギなど多くの樹木に発生する。ふ化幼虫は草本類を加害する。

被害と診断

☆地表面で卵越冬し，4月ごろにふ化した幼虫は雑草を食べて成長した後，樹木の幹・枝に食入して，トンネル状に孔をあけながら，食害し成長する。
- 食害によって折れたり，枯死する。
- 幼虫はふんを糸でつづって食入孔の周囲に出すので，被害を見つけることができる。
- 老熟幼虫は黄白色で，大きさは60mmほどになる。
- 成虫の発生は年１回である。

防除法
- 周囲の雑草を防除して幼虫の発生を防ぐ。
- 被害を発見したら，食入孔のふんを取り除き，中に殺虫剤を注入して幼虫を殺す。

月	1	2	3	4	5	6	7	8	9	10	11	12
発生時期					幼虫							［幹の中で幼虫越冬］
防除時期												

番号：虫－46

マサキ　**マサキナガカイガラムシ**　（カメムシ目：マルカイガラムシ科）

（提供：林　直人氏）

発生樹種：マサキ，イヌツゲ，マユミなどに発生する。

被害と診断

☆マサキに好んで寄生し，葉から吸汁する。多発すると枝・幹にも寄生し，こうやく病を誘発する。
- 雌成虫の大きさは，約２mm，暗褐色から灰黒色で背面は隆起する。
- 幼虫の発生は年２回である。

防除法
- 少発生であれば，被害枝を切除する。
- 剪定により通風・日照をよくし予防する。
- 発生が多いときは，殺虫剤を散布する。

月	1	2	3	4	5	6	7	8	9	10	11	12
発生時期						幼虫		幼虫				［樹上で成虫越冬］
防除時期					↑		↑					

番号：虫－47

マサキ　ユウマダラエダシャク　（チョウ目：シャクガ科）

発生樹種：マサキ，マユミに発生する。

被害と診断

☆マサキの葉にシャクトリムシが群がって，葉を食べる。多発すると丸坊主になる。

・全体が黒く，黄色と白色の斑点がある幼虫は，日中は葉裏に隠れ，夜間に葉を食べる。

・食害は３月～11月まで続くが，特に６月～８月に多い。

・成虫の発生は年２～３回である。

防除法

・幼虫を見つけ次第捕殺する。

・被害の発生に注意し，食害を始めたら殺虫剤を散布する。

（提供：林　直人氏）

月	1	2	3	4	5	6	7	8	9	10	11	12
発生時期							成虫・幼虫（長期間発生）				［幼虫・蛹越冬］	
防除時期												

番号：虫－48

マツ　マツアワフキ　（カメムシ目：アワフキムシ科）

発生樹種：アカマツ，クロマツに発生する。

被害と診断

☆マツの新梢に白い泡がついて，観賞の妨げになる。

・新梢の葉の基部にいる５mm程度の幼虫が吸汁しながら水分を出し，それが泡となる。吸汁によって生育を阻害されることはない。

・成虫の発生は年１回である。

防除法

・泡を取り除き，中にいる幼虫を捕殺する。

・高いところに発生している場合は，殺虫剤を散布する。

（提供：木﨑　忠重氏）

月	1	2	3	4	5	6	7	8	9	10	11	12
発生時期					幼虫							［枝の中で卵越冬］
防除時期					↑							

番号：虫－49

マツ　マツカサアブラムシ　（カメムシ目：カサアブラムシ科）

（提供：神奈川県農業技術センター）

発生樹種：ゴヨウマツ，ヒメコマツなどに発生する。

被害と診断

☆ゴヨウマツの枝や幹に白い綿状のろう物質がついて，多発すると白く目立つ。

・樹皮のすき間などに潜った成虫・幼虫が加害しながら綿状物質を分泌する。

・新芽の成長の阻害，樹勢の低下，枝枯れなどが起こる。枯死することもある。

・年に数回発生する。

防除法

・幼虫の発生期に殺虫剤を２～３回散布する。発生が続く場合には秋にも散布する。

月	1	2	3	4	5	6	7	8	9	10	11	12
発生時期					幼虫・成虫	幼虫・成虫						［樹上で幼虫越冬］
防除時期					↑	↑ ↑						

番号：虫－50

マツ　マツカレハ　（チョウ目：カレハガ科）

（提供：神奈川県農業技術センター）

発生樹種：アカマツ，クロマツ，ゴヨウマツ，ヒマラヤスギなどの針葉樹に発生する。

被害と診断

☆４月～６月ごろ，越冬を終えた幼虫がマツの針葉を激しく食害する。

・ふ化した幼虫は集団で針葉の縁だけをかじるので，残った部分がほうき状に枯れて目立つ。成長すると分散する。老熟幼虫は体長が約60mmと大型になる。

・マツケムシともいう。

・成虫の発生は年１回である。

防除法

・10月上旬ごろにこも巻きを行い，早春に除去して中にいる幼虫を捕殺する。

・越冬した幼虫が葉を食べ始めるころに殺虫剤を散布する。

・多発した場合は，秋の幼虫の発生初期に殺虫剤を散布する。

（提供：木﨑　忠重氏）

月	1	2	3	4	5	6	7	8	9	10	11	12
発生時期				越冬幼虫	越冬幼虫	越冬幼虫		幼虫	幼虫			［樹皮や落葉で幼虫越冬］
防除時期				↑				↑				

番号：虫－51

マツ　マツツマアカシンムシ　(チョウ目：ハマキガ科)

(提供：木﨑　忠重氏)

発生樹種：マツ類

被害と診断

・シンクイムシの一種で新梢の先端部分のみを加害する。

・本種の他にマツヅアカシンムシとマツノシンマダラメイガがあり，新梢の被害状況が多少異なる。

・成虫は 3 月上旬に出現し，新梢に産卵，ふ化した幼虫は 6 月まで新梢内を加害した後，蛹になる。

防除法

・被害部の切除をする。

月	1	2	3	4	5	6	7	8	9	10	11	12
発生時期			成虫									
防除時期												

番号：虫－52

マツ　マツノザイセンチュウ　(線虫)

(提供：木﨑　忠重氏)

発生樹種：マツ類に発生する。

被害と診断

☆夏の終わりごろから秋に，マツの針葉が急速に黄褐色に変わりしおれる。やがて全身が枯れる。

・5 月ごろから，羽化したマツノマダラカミキリによって運ばれたマツノザイセンチュウが，マツの樹体内で増殖し，水分の移動を妨げる。そのためマツが萎凋する。

防除法

・マツノマダラカミキリの成虫を防除するための殺虫剤散布か，マツノザイセンチュウの増殖を防止するための樹幹注入剤の処理を行う。注入はマツノザイセンチュウが侵入する 3 か月前までに行う。

月	1	2	3	4	5	6	7	8	9	10	11	12
発生時期					センチュウの侵入（マツノマダラカミキリで伝搬）						［樹体内で越冬］	
防除時期	↑樹幹注入					↑カミキリムシ防除						

番号：虫－53

ミカン　アゲハチョウ　（チョウ目：アゲハチョウ科）

（提供：木﨑　忠重氏）

発生樹種：カンキツ類，カラタチ，サンショウなどに発生する。

被害と診断

☆夏と秋に展開する若い葉が，丸ごと又は主脈だけを残して幼虫に食べられる。

・４月～５月に１回目の成虫が現れて産卵し，その後は秋まで発生が続く。春の発生による被害は少なく，６月下旬から９月の夏芽や秋芽の若い葉が被害を受けやすい。

・ナミアゲハ，アゲハともいう。

・成虫の発生は年３～４回である。

防除法

・発生が少なければ幼虫を捕殺する。

・発生が多ければ，幼虫を見つけ次第殺虫剤を散布する。

月	1	2	3	4	5	6	7	8	9	10	11	12
発生時期					幼虫（長期間発生）							［樹上で蛹越冬］
防除時期												

番号：虫－54

ミカン　ミカンハダニ　（ダニ目：ハダニ科）

発生樹種：ミカン類のほか，果樹，樹木など多くの樹木に発生する。

被害と診断

☆0.5mmほどの赤褐色の小さい虫が葉の裏にいて吸汁する。葉は白いかすり状となったり，多発すると黄色くなる。

・一般に夏（６月～７月）と秋（９月～11月）に発生が多くなる。高温で乾燥するときに多発する。

・発生は年13～14回である。

防除法

・ミカンハダニの発生に注意し，発生したらすぐに，殺虫剤を散布する。

・発生が多い場合は，ミカンの休眠期（冬期）に殺虫剤を散布する。

（提供：林　直人氏）

月	1	2	3	4	5	6	7	8	9	10	11	12
発生時期						成虫・幼虫						［樹上で越冬］
防除時期	〈休眠期防除〉					↑			↑	↑		

番号：虫－55

ミカン　ミカンハモグリガ　（チョウ目：コハモグリガ科）

（提供：神奈川県農業技術センター）

発生樹種：ミカン，ユズなどに発生する。

被害と診断

☆若い葉の中に小さい（4 mm程度）幼虫が入り，食害しながら移動するため，葉に曲がりくねったすじができたり，葉が変形する。

・ミカンコハモグリ，エカキムシともいう。

・幼木に発生することが多く，多発すると新葉が次々と加害されて成長が阻害される。

・成虫の発生は年5～7回である。

防除法

・発生が多いときは，夏と秋の新葉が展開する時期に殺虫剤を散布する。

月	1	2	3	4	5	6	7	8	9	10	11	12
発生時期							成虫・幼虫				［葉で成虫越冬］	
防除時期												

番号：虫－56

ミカン　ヤノネカイガラムシ　（カメムシ目：マルカイガラムシ科）

（提供：神奈川県農業技術センター）

発生樹種：カンキツ類，カラタチのみに発生する。

被害と診断

☆葉では白色で綿状の雄成虫が群生するので白くなる。多発すると落葉する。果実では3 mm程度の雌成虫がゴマのようについている。枝，幹にも寄生する。

・他のカイガラムシに比べて加害が激しく，繁殖力も強いので，発生したら早く防除する。

・幼虫の発生は年2～3回である。

防除法

・ミカンの休眠期（冬期）に殺虫剤を散布する。

・幼虫発生期に殺虫剤を散布する。

月	1	2	3	4	5	6	7	8	9	10	11	12
発生時期							幼虫（増減を繰り返す）				［樹上で成虫越冬］	
防除時期	〈休眠期防除〉											

番号：虫－57

モッコク　モッコクハマキ　（チョウ目：ハマキガ科）

（提供：木﨑　忠重氏）

発生樹種：モッコクに発生する。

被害と診断

☆幼虫が枝先の葉をつづって食べる。茶褐色の葉が樹上に長く残り，見苦しい。

- 幼虫は15mmほどで，２～３枚の葉をつづって中で葉を食べる。幼虫を取り出すと活発に活動する。
- 成虫の発生は年３～４回である。

防除法

- つづった葉を見つけたら中の幼虫を捕殺する。
- 葉を巻き始める時期に殺虫剤を散布する。巻いたあとでは薬がかかりにくいので効果が劣る。

月	1	2	3	4	5	6	7	8	9	10	11	12
発生時期					幼虫（長期間発生）							[被害部で蛹越冬]
防除時期					↑							

番号：虫－58

モミジ・カエデ類　カミキリムシ類　（カメムシ目：フクロカイガラムシ科）

（提供：木﨑　忠重氏）

発生樹種：モミジ・カエデ，シラカバ，ミカン類，カシ，プラタナス，ヤナギなど多くの樹木・果樹に発生する。

被害と診断

☆６月～８月ごろ，羽化した成虫がモミジ・カエデ類の若い枝の表皮を浅くかじる（後食という）ので，枝枯れが起こる。

- 成虫は幹の地面近くにかみ痕をつけ産卵する。幼虫は初め樹皮下を食害し，のちに材部に食入する。食入孔から繊維状のくずを出すので被害を発見できる。
- 成虫の発生は２年に１回である。

防除法

- 成虫を見つけて捕殺する。
- 食入孔に殺虫剤を注入して中の幼虫を殺す。
- 成虫の発生直前に樹幹散布用の殺虫剤を散布して産卵を防止する。

月	1	2	3	4	5	6	7	8	9	10	11	12
発生時期						成虫						[幹の中で幼虫越冬]
防除時期						↑ 樹幹散布						

番号：虫－59

ヤマモモ　ヤマモモハマキ（チョウ目：ハマキガ科）

発生樹種：ヤマモモに発生する。

『緑化植物の保護管理と農業薬剤』　正誤表

ページ	箇所	誤	正
198	カミキリムシ	カメムシ目：フクロカイガラムシ科	コウチュウ目：カミキリムシ科
200	シバオサゾウムシ	鱗翅目：ゾウリムシ科	コウチュウ目：ゾウムシ科

の葉を糸でとじて筒

は20mm程度になる。
端の成長点を食べら

捕殺する。
いので，被害の発生

（提供：木﨑　忠重氏）

5	6	7	8	9	10	11	12
幼虫		幼虫					［成虫越冬］
↑							

番号：虫－60

ラムシ（カメムシ目：アブラムシ科）

汁するため，吸汁さ
る。新梢は十分に伸

ユキヤナギに被害を
に移動する。

布し，被害の発生を

（提供：木﨑　忠重氏）

月	5	6	7	8	9	10	11	12
発生時期	（ユキヤナギ）幼虫・成虫		（ボケ）など					［樹上で卵越冬］
防除時期	↑							

番号：虫－61

芝草　シバツトガ　（鱗翅目：メイガ科）

（提供：吉田　正義氏）

発生草種：コウライシバ，ベントグラス，ティフトン

被害と診断

- 幼虫は土粒や芝の枯れかすなどで苞（ほう）をつくり，その中で生活し，芝の葉を食害する。
- 土中で蛹化し，羽化した成虫は夜間交尾活動をする。
- 夏季の高温で干ばつのときに多発する。

防除法

- 6月（第2回目の発生）の発生初期に薬剤散布することが必要である。
- 散布前に芝刈りを行うと薬剤が直接幼虫に接触するので効果が高い。
- 発生の多い年は9月の防除を必ず実施する。

月	1	2	3	4	5	6	7	8	9	10	11	12
発生時期					幼虫			幼虫				
防除時期						↑	↑		↑			

番号：虫－62

芝草　シバオサゾウムシ　（鱗翅目：ゾウリムシ科）

（提供：吉田　正義氏）

発生草種：日本芝，ベントグラス，ブルーグラス他

被害と診断

- 若齢幼虫はズイムシのように芝の茎を食害する。
- 成長するに従って根元やサッチに潜み細根を食害する。
- 発生が多いと根が極端に食害されるので，広範囲に渡って芝が枯れ上がる。
- 株元を手で引張ると簡単に芝が抜けてくる。

防除法

- 成虫の発生時は夜間で，18時ごろから産卵のために成虫が芝上に現れるので，目で確認するかトラップをつくって成虫を集め，早期に薬剤防除が望ましい。
- 6月，8月，9月の3回防除が必要である。

月	1	2	3	4	5	6	7	8	9	10	11	12
発生時期						成虫・幼虫			成虫・幼虫			
防除時期						↑		↑	↑			

番号：虫－63

芝草　スジキリヨトウ　（鱗翅目：ヤガ科）

（提供：吉田　正義氏）

発生草種：日本芝，西洋芝

被害と診断

・被害は幼虫による芝草の葉の食害である。

・樹木の周辺やラフで芝の草丈の高い場所から食害は始まる。

・春季でまだ発生の少ないときはバンカー周辺の芝をスポット状に枯らすので病気と間違う危険性がある。

防除法

・毎年同じような発生を繰り返すので，防除適期を把握し，発生早期に薬剤防除をする。

・草丈が高くならないように刈り込みを常に行う。

月	1	2	3	4	5	6	7	8	9	10	11	12
発生時期					幼虫			幼虫				
防除時期								↑	↑			

番号：虫－64

芝草　チガヤシロオカイガラムシ　（カメムシ目：コナカイガラムシ科）

（提供：林　直人氏）

発生草種：日本芝に発生する。

被害と診断

☆ノシバ，コウライシバの地際のほふく茎や直立茎の節に定着して吸汁する。

・成虫の大きさは 2～4 mmで，袋状で運動性はない。単為生殖［卵胎生］をする。体表はフェルト状のろう物質で覆われている。

・幼虫の発生は年 1～2 回である。

防除法

・幼虫の発生期に殺虫剤を散布する。

月	1	2	3	4	5	6	7	8	9	10	11	12
発生時期						幼虫						［芝草上で成虫越冬］
防除時期						↑	↑					

番号：虫－65

芝草　チビサクラコガネ　（鞘翅目：コガネムシ科）

（提供：吉田　正義氏）

発生草種：日本芝，西洋芝

被害と診断

・本来は海岸のイネ科雑草をえさとして細々と生活していたが，ゴルフ場の開発で芝の害虫となった。

・年１回の発生で，成虫は６月中旬ごろから地上に現れ，６月下旬から７月上旬に発生のピークが来る。

・３齢期幼虫の被害が最も多いので８月中旬は芝が枯れ上がる。

・幼虫を食害するモグラや鳥ひいてはイノシシの２次被害も大きい。

防除法

・成虫は夜間19時ごろから芝草に集まるので，成虫を対象に薬剤の散布が望ましい。

月	1	2	3	4	5	6	7	8	9	10	11	12
発生時期						成虫・幼虫		成虫・幼虫				
防除時期						↑	↑					

番号：虫－66

ヒャクニチソウ　フキノメイガ　（チョウ目：メイガ科）

（提供：木﨑　忠重）

発生草花：ヒャクニチソウ，キク，ダリアなど多くの草花や野菜に発生する。

被害と診断

☆幼虫が茎の中を食べるために，被害部より上がしおれたり，折れやすくなる。

・茎の中に食入するものはシンクイムシとも呼ばれ，フキノメイガのほかにアワノメイガ，ボクトウガなどがある。

・幼虫は初め乳白色で，老熟すると灰黒色で20mmほどの大きさになる。

・成虫の発生は年２～３回である。

防除法

・被害を受けた茎を取り除き，焼却する。

・幼虫が食入する前に防除する必要があるため，成虫の発生期に殺虫剤を定期的に散布する。

月	1	2	3	4	5	6	7	8	9	10	11	12
発生時期					成虫			成虫	成虫			［被害茎で幼虫越冬］
防除時期					↑		↑		↑			

番号：虫－67

マリーゴールド　ネキリムシ　（チョウ目：ヤガ科）

（提供：木﨑　忠重氏）

発生草花：極めて多くの草花，野菜などに発生する。

被害と診断

☆草花の茎を土の少し上で切り倒して食べるものはネキリムシと呼ばれ，タマナヤガ，カブラヤガなどの幼虫である。

・幼虫は，小さいうちは葉裏にいて食害し，大きくなると土の中に潜って夜に活動し大きな被害をもたらす。

・成虫の発生は年３～４回である。

防除法

・茎を食い切られたら，近くの土の中にいる幼虫を見つけて捕殺する。

・幼虫が葉裏にいるうちに殺虫剤を茎葉散布する。土の中の幼虫は誘殺する。

月	1	2	3	4	5	6	7	8	9	10	11	12
発生時期				幼虫	幼虫	幼虫	幼虫		幼虫	幼虫	幼虫	［土の中で幼虫越冬］
防除時期					↑				↑			

番号：虫－68

ムラサキハナナ　ナモグリバエ　（ハエ目：ハモグリバエ科）

（提供：木﨑　忠重氏）

発生草花：多くの草花や野菜などに発生する。

被害と診断

☆幼虫が葉の表皮下に潜り，葉肉を食べながら動き回るのでハモグリと呼ばれたり，傷痕（きずあと）が白い線を描いたようになるのでエカキムシとも呼ばれる。ハモグリにはナモグリバエのほか多くの種類がある。

・ナモグリバエの幼虫の大きさは２～３mm，孔の先端で蛹になる。

・成虫の発生は年３～４回である。

防除法

・産卵防止のため，成虫の発生初期から７日おきに２～３回殺虫剤を散布する。

月	1	2	3	4	5	6	7	8	9	10	11	12
発生時期			幼虫	幼虫	幼虫	幼虫			幼虫	幼虫		［被害葉で蛹越冬］
防除時期												

番号：虫－69

家屋　キイロスズメバチ　（膜翅目：スズメバチ科）

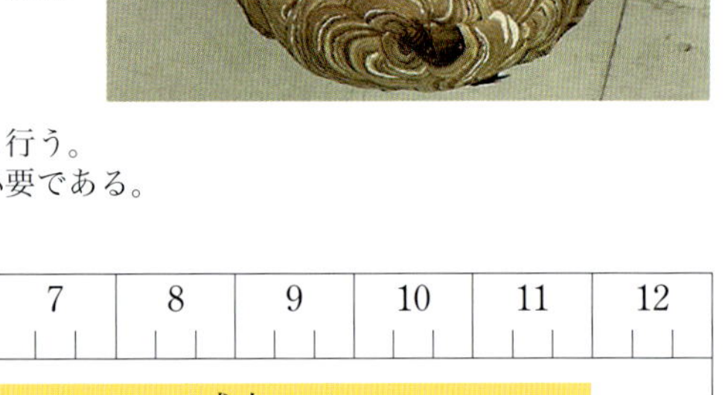

主な営巣場所：軒下や樹木の枝などの開放的な場所や，天井裏，床下，樹洞などの閉鎖的な場所

被害と診断

- 巣は大きなものでは直径50cmを超え，国内のスズメバチでは最大である。
- 活動期間は極めて長く，5月上旬には営巣を開始し11月一杯まで活動する。
- 働きバチは6月より羽化し，活動盛期には1000頭を超える。
- オスバチや新女王バチは9月～11月に羽化する。

防除法

- 作業上スズメバチの巣を取除く場合は暗くなってから行う。
- スズメバチは振動や黒色に強く反応するので注意が必要である。

月	1	2	3	4	5	6	7	8	9	10	11	12
発生時期						成虫（6月～11月）						
防除時期	※発見次第早期に取り除くことが望ましい。											

番号：虫－70

樹木　コガタスズメバチ　（膜翅目：スズメバチ科）

主な営巣場所：樹木の枝

被害と診断

- 営巣場所は樹木の枝や家屋の軒下などの開放的な場所である。
- 越冬を終えた女王バチが5月中旬ごろに単独で営巣を開始し，とっくり型の巣をつくる。
- 働きバチの羽化は6月中旬で，活動が最も活発となる9月～10月には100頭を超える。
- 最盛期には巣の大きさも縦30cm×横25cmくらいになり，巣盤数は2～5層，育房数は1000房くらいになる。

防除法

- 作業上スズメバチの巣を取除く場合は暗くなってから行う。
- スズメバチは振動や黒色に強く反応するので注意が必要である。

月	1	2	3	4	5	6	7	8	9	10	11	12
発生時期						成虫（6月～11月）						
防除時期	※発見次第早期に取り除くことが望ましい。											

練　習　問　題

[第１章]

1．年間の防除計画を作成するに際して不必要な項目はどれか。

①　樹種の種類と本数

②　樹種ごとに花の有無と花色

③　樹種ごとに代表的な病害虫と発生時期

④　樹種ごとに必要な作業の種類

2．次の文章のうち，正しいものはどちらか。

①　薬剤防除は定期的防除と臨機的防除に分けられる。あらかじめ防除時期・防除方法を決めておいて定期的に防除することを定期的防除法という。いったん決めたら，病害虫の発生の有無にかかわらず薬剤散布を行う。

②　薬剤防除は定期的防除と臨機的防除に分けられる。主要病害虫ではないが，ときどき発生して被害をもたらす病害虫を防除する方法を臨機的防除法という。そのため，発生してから防除するかどうかを決めて薬剤散布を行う。

3．緑化樹木の品質規格の「樹勢」について，間違っているものは次のどれか。

①　生育：充実し，生気ある状態で育っていること。

②　葉　：正常な葉形，葉色，密度（着葉）を保ち，しおれ（変色，変形）や軟弱葉がなく生き生きしていること。

③　樹皮（肌）：損傷がないか，その痕跡がほとんど目立たず，正常な状態を保っていること。

④　枝　：樹種の特性を生かすため，剪定などがほとんど行われていないこと。

4．緑化樹木の検査項目の中に病害虫に関する規準がある。次のうち，適当な規準はどちらか。

①　現に害虫の寄生・産卵がなく病気が発生していないことは当然であるが，過去に病害虫の被害を受けても美観を損なっていないか，被害が軽微であれば採用しても

よい。

② 現に害虫の寄生・産卵がなく病気が発生していないことは当然であるが，過去に病害虫の被害を受けた痕跡のあるものは採用しない。

[第2章]

1．農薬について次の記述のうち，間違っているのはどれか。

① 農薬は植物の生育を妨げる菌，昆虫，ダニなどの防除に用いられる薬剤である。

② 植物の成長，発根などの生理機能を促進又は抑制する物質も農薬である。

③ 農薬は化学合成された薬剤だけで，天然物などは農薬に該当しない。

④ 農薬は散布する人の安全性，散布された作物を食べたときの安全性，環境への影響など様々な角度から試験が実施され，定められた使用方法の範囲内では問題が認められないものが農薬として認可される。

2．害虫が発生したため薬剤散布を行うことになった。A薬剤（液体）は1500倍に希釈して使用する。必要な散布量は300ℓ程度必要であるが，必要な薬量はどのくらいか。

① 約300mℓ

② 約200mℓ

③ 約100mℓ

3．農薬の製品ラベルに「適用病害虫・使用方法」という表が記載されている。その内容について記述した次の文章のうち，間違っているものはどれか。

① 「適用作物」：その薬剤で使用が認められている作物名が記載されている。

② 「適用病害虫名」：その薬剤で効果が認められている病害虫名が記載されている。

③ 「使用時期」：食用作物では薬剤を散布してから収穫してもよい日までの日数を意味している。

④ 「総使用回数」：庭園などの樹木ではその樹木が枯れるまでに，使用できる回数を意味している。

4． 薬剤散布の作業について記述した次の文章のうち，正しい行為はどれか。

① 薬剤を水に薄め，散布する直前に風が強くなり小枝が揺れている。せっかく準備したのでそのまま薬剤散布を行った。

② 公園の薬剤散布を請け負った。散布する数日前に，散布目的，散布日時，散布薬

剤などを記載した看板を立てた。

③ ラベルに不浸透性防除衣着用と記載されていたが，真夏の散布で暑く，散布面積も狭いため普段の作業衣で散布した。

④ 薬剤散布に使用したタンクやホースなどの器具類を数日後にまた使う予定があるため，洗浄しなかった。

[第3章]

1．病気の発生要因で，次のうち正しいものはどれか。

① 光，雨，温度

② 病原体，環境，植物の感受性

③ 窒素，リン酸，カリ

④ 病原体，湿度，窒素過多

2．病気が伝播する方法について，次のうち正しくないものはどれか。

① 風媒伝染

② 接触伝染

③ 振動伝染

④ 土壌伝染

3．病原体の種類や特徴について，次のうち正しいものはどれか。

① 細菌はバクテリアと呼ばれ，顕微鏡を使わないと見えないほど小さく，植物の病気の中では最も種類が多い。

② ウイルスは核酸とタンパク質からできている粒子なので，枯れた葉の中でも十分に増殖ができる。

③ 菌類は一般に「カビ」といわれ，栄養体は細長い糸状をしたもので菌糸という。

④ 菌類の菌糸は柔らかく，植物の表皮のクチクラ（角質）を貫通できないので，気孔から侵入し養分を吸収している。

4．病気の病徴や標徴を知ることは重要である。病気の局部病徴を判断する上で間違っているものは次のうちどれか。

① 斑点

② 肥大・そう生

③ 腐敗

④　食痕

5．菌類の増殖について，次のうち間違っているものはどれか。

①　菌糸は低温ほど活動しやすく，病気は激発する。

②　菌類は菌糸を伸ばす栄養繁殖と菌糸からつくられる胞子の飛散で広がる繁殖がある。

③　胞子は有性胞子と無性胞子がある。

④　植物の葉にできた病斑から胞子は風や水によって運ばれ，健全な葉にも伝染する。

6．防除法のうち化学的防除法で間違っているものはどれか。

①　薬剤で防除する場合，農薬のラベルを十分に読んで適正に使用する。

②　殺菌剤の大部分は菌類に効果のあるもので，細菌に効果のある薬剤は少ない。

③　同系統の殺菌剤を繰り返し連続的に使用すると殺菌剤に対して，抵抗性ができて効果が悪くなることがある。

④　ウイルス病は病気なのでアブラムシを防除しても予防効果はない。

7．植木の病気を診断する上で正しいものは次のどれか。

①　幹の地際部は樹皮が発達しているので診断にはあまり重要ではない。

②　診断に先立ち樹種名を知る必要がある。

③　根は土が保護しているので病気にはならない。

④　葉の病斑を調べるとほとんどの病気は診断できる。

8．次の芝の病気の中で，毎年被害が多く発生し，防除に苦労するのはどれか。

①　炭そ病

②　さび病

③　葉腐病（ラージパッチ）

④　ピシウム病

9．草花の病気について正しくないものは次のどれか。

①　花壇で開花前に草花の苗を植えるときは丈夫な苗を選ぶと病気にかかりにくい。

②　花壇では梅雨期など雨が続くときは病気にかかりやすくなるので注意が必要である。

③　花壇では灰色カビ病，うどんこ病の発生が多い。しかし，これらの病気は細菌による病気なので有効な薬剤がない。

④　うどんこ病は比較的気温が高く，乾燥したときに激発する。

10．殺菌剤で最近ほとんど行われない散布方法は次のどれか。

①　土壌処理

②　土壌混和

③　土壌灌注

④　土壌注入

［第4章］

1．害虫の加害様式はその種類によって様々である。次の文章のうち正しいものはどれか。

①　マメコガネはコウチュウ目の仲間で，芝草やアジサイなど雑多な植物を食べる吸汁性口器を持った大害虫である。

②　バッタ（バッタ目）やチャドクガ（チョウ目）は咀嚼性口器を持った害虫で，植物の葉をかじるようにして食べる害虫である。

③　草花に被害を与えるダンゴムシは，ナメクジやカタツムリのように舌歯で花をなめるようにしてかじる。

④　カミキリムシなどのせん孔性害虫は枝や幹に潜り込んで生活する吸汁性口器を持つ害虫である。

2．吸汁性害虫ではない昆虫は次のうちどれか。

①　アブラムシ

②　カイガラムシ

③　モッコクハマキ

④　グンバイムシ

3．カイガラムシ類ではないものは次のうちどれか。

①　ツノロウムシ

②　カメノコロウムシ

③　マルカイガラムシ

④　ワラジムシ

4．ダニについて間違っているものは次のうちどれか。

①　ハダニの体色はすべて赤いので，一般にアカダニと呼ばれている。

②　ハダニは主に葉裏で生息し，温度が比較的高く，空気が乾燥している時期に増殖しやすい。

③　ネダニは，ユリ・スイセン・チューリップなどの球根を加害する。

④　ハダニは雌だけで繁殖することができるので，まきむらのない薬剤散布が必要である。

5．センチュウについて正しいものは次のうちどれか。

① 農作物を加害するセンチュウにマツノザイセンチュウがあり，マリーゴールドなども大きな被害が出る。

② サツマイモネコブセンチュウは多くの植物の根を加害するが，庭木などの葉にこぶをつくるので知られている。

③ キタネグサレセンチュウは草花の根を加害するが植木には寄生しない。

④ 急激にマツが赤くなって枯れてしまう松枯れの原因はマツノザイセンチュウが関与している。

6．害虫を防除する方法について，間違っているものは次のうちどれか。

① 冬季，公園のマツの幹にこもが巻いてある風景を見かける。これは害虫の越冬場所で春先に捕殺する目的がある。

② 植木の剪定や整枝は通風や日当たりをよくすることで，害虫の発生を抑えることはできない。

③ 化学的防除法とは，殺虫剤など農薬登録のある薬剤を適正に使う防除法である。

④ 害虫の天敵を利用して，害虫を防除する方法も生物的防除法の一部である。

7．季節ごとの植木の害虫防除作業について，間違っているものは次のうちどれか。

① 春　：植物の芽や新梢を加害するアブラムシや皮膚のかぶれの原因にもなるチャドクガなどの害虫は発見次第早めに防除することが大切である。

② 初夏：街路樹にアメリカシロヒトリが，広葉樹にはケムシ類が多く発生する。

③ 初秋：植木や生垣にはコガタスズメバチの巣が大きくなるので，植木の手入れ時にはこれらの害虫の存在を調べる必要がある。

④ 冬　：マツが枯れる松枯れの予防は夏に行うもので，カミキリムシの飛んでいない冬の作業は意味がない。

8．カイガラムシの防除時期で最も不適な時期は次のうちどれか。

① 1～2月

② 6～7月

③ 7～8月

④ 10～11月

9．芝の害虫ではないものは次のうちどれか。

① シバオサゾウムシ

② マメコガネ

③ コナガ

④ スジキリヨトウ

10. 殺虫剤の使い方で正しいものは次のうちどれか。

① 風が強いと薬剤が遠くまで届くので，風はあった方がよい。

② エアゾールやAL剤は花壇の草花用の薬剤で，植木には使用できない。

③ 土壌処理剤は粉剤や粒剤を土に混和する方法で，乳剤は使用しない。

④ 殺虫剤は茎葉散布，土壌散布，樹幹処理などがある。

[第５章]

1. 科と種の関係で間違っているものは次のうちどれか。

① イネ科ーメヒシバ

② キク科ーセイタカアワダチソウ

③ マメ科ークズ

④ カタバミ科ーツユクサ

2. 雑草をイネ科雑草と広葉樹に分類する方法について間違っているものは次のうちどれか。

① イネ科雑草はイネのように葉の形が細く，葉脈が平行に並んでいる雑草である。

② 広葉雑草はイネ科雑草以外の雑草を指す。

③ カヤツリグサやスギナは広葉雑草である。

④ ササやタケは広葉雑草である。

3. 次のうち一年生雑草はどれか。

① タンポポ

② ヤブガラシ

③ オオバコ

④ スズメノカタビラ

4. 次のうち多年生雑草はどれか。

① ツユクサ

② スギナ

③ ノゲシ

④ タネツケバナ

5．多年生植物はいろいろな方法で栄養器官に養分を蓄え，次年度に備えている。次の文章のうち間違っているものはどれか。

① ヨモギやイタドリは秋には葉が枯れ，養分を根茎に蓄え来春その根茎から芽を出す。

② ヒメムカシヨモギやアレチノギクは球根をつくり冬を越す。

③ ヨシやススキは種子によっても繁殖する。

④ ムラサキカタバミは主に鱗茎で冬を越す。

6．雑草の防除方法について間違っているものは次のうちどれか。

① 機械的防除法とは機械や除草用具を使って雑草を根ごと抜き取ったり，刈り取ったりする方法である。

② 多年生雑草が定着してしまうと根が地中で繁茂・発達し，抜き取りにくいだけでなく，増殖源となるので見つけたら早期に除草する必要がある。

③ 法面では雑草が生えないよう，常に管理する必要がある。

④ 花壇ではバークやチップなどの植物資材を敷いて，雑草の発生を抑えることもある。

7．庭木などの植栽地での雑草防除について，正しいものは次のうちどれか。

① 大きな木の下では日光がさえぎられるので雑草は繁茂しやすい。

② 雑草の草丈が50cm以上になってしまうと除草剤では枯らすことができない。

③ 植木の株元に除草剤を散布しても，植木が大きければその根を傷める心配はない。

④ 幼木を植栽した場合，その周辺の雑草によって幼木は阻害されることが多い。

8．芝生地の雑草になりにくいものは次のうちどれか。

① スズメノカタビラ

② カタクリ

③ オオイヌノフグリ

④ ハマスゲ

9．公園などの花壇の除草作業について正しいものは次のうちどれか。

① 草花の生育中でも，雑草を見つけたら除草剤を散布した方がよい。

② 花壇での草花の植替え時にヨモギやススキが多い場合は土壌処理剤を散布した直後に植え替えた方がよい。

③ 草花を植え付けた後，雑草が発生した場合は，雑草が大きくなるまで待って除草した方がよい。

④ 草花の生育が旺盛になると地面は太陽の光線が遮られるので，雑草は生えにくくなる。

10. 除草剤を散布するに当たって間違っているものは次のうちどれか。

① 除草剤を使用する散布器具は殺虫剤，殺菌剤などの散布には使用しない方がよい。

② 除草剤を散布するときはドリフトによって，その周辺の作物に薬液がかからないように注意が必要である。

③ 非選択性の土壌処理剤を散布する場合は植木の根に薬剤が影響しないように，樹幹から十分な距離を取って散布する。

④ 散布作業が終わったら，薬液が噴霧器に残らないように軽く水洗いをした方がよい。

練習問題の解答

[第１章]

1．②：花が咲く，咲かないということは防除には関係がない。

2．②：定期的防除はその樹種にとって主要な病害虫であり，発生してから対応を協議していると手遅れになることがある。そのため，病害虫が発生したときに初期のうちに薬剤を散布して退治することであり，発生していないときは防除は行わない。

3．④：樹種の特性を生かすことは必要であるが，徒長枝・枝折れの処理など必要に応じて適切な剪定も行われる。

4．①：病害虫の痕跡があれば採用しないのでは，実務上選ぶのが非常に難しい。美観上問題がなく，被害が軽微であれば問題ない。

[第２章]

1．③：植物の生育を妨げる菌や昆虫などを退治する薬剤，生理機能に影響を及ぼす薬剤は合成物・天然物を問わずすべて農薬になる。害虫を食べる天敵（生物農薬），除虫菊の花弁から抽出したピレトリン，さらには食品類も農薬として販売されている。

2．②：希釈濃度は目分量ではなく，ある程度正確に量ることが必要である。
1500倍とは薬剤１mℓを水1500mℓ（1.5ℓ）に希釈することである。

3．④：総使用回数は草花や野菜では播種から枯れる（収穫が終わる）まで，果樹では収穫から収穫まで，樹木では１年間に使用できる回数を意味している。

4．②：小枝が揺れる状態は風速３m以上である。散布液が飛散して問題を起こすこがあるため，薬剤散布は中止する。
“暑い”“面倒だ”などといわず安全性の観点からラベル記載の服装で散布することが大切である。
散布器具類は，散布の都度洗浄して保管する。洗浄をおろそかにすると，次回散布するときに薬害などの問題を起こすことがある。

[第３章]

1．②：発病の３要素は，主因（病原体）・素因（植物の感受性）・誘因（環境）である。

2．③：揺らすだけでは伝染しない。

3．③：病気の種類が多いのは菌類，ウイルスは枯れた葉の中では増殖しない，菌糸はクチクラ層を貫通できる。

4．④：食痕は害虫の被害であり，病徴ではない。ただし，病気ではなく害虫の被害と判断する上で重要である。

5．①：極度な低温や高温下では菌糸は増殖しにくい。

6．④：ウイルス病に効く殺菌剤がないので，ウイルスを伝播するアブラムシの防除が必要である。

7．②：病気は病徴と標徴で病名が決まるので，植木全体を見て判断することが大切である。幹や根の病気も多く，葉も葉色・変形・萎凋を調べる必要がある。

8．③

9．③：細菌による病害ではなく，菌類による病害で防除の必要な病気である。

10．④：以前は土壌消毒用にクロールピクリンなどを注入していたが，最近は注入する薬剤がなくなった。

［第４章］

1．②：①，③，④とも咀嚼性口器を持つ。

2．③：モッコクハマキは咀嚼性害虫である。

3．④：ワラジムシは昆虫ではなく節足動物門甲殻綱ワラジムシ目の動物である。

4．①：ハダニのカンザワハダニは赤～橙色まであり，ナミハダニは淡黄緑色をしている。一般にはカンザワハダニの赤い色が目立つのでアカダニといわれている。

5．④：マツノザイセンチュウはマツの害虫で他の作物には影響を及ぼさない。
サツマイモネコブセンチュウは葉は加害しない。キタネグサレセンチュウは樹木も加害する。

6．②：鳥などに見つかりやすく，害虫の生息環境が悪くなるので，害虫の発生を抑える効果も大きい。

7．④：冬は樹幹注入作業や枯死木の伐採作業など重要な作業時期である。

8．④：１～２月は植木の休眠期でマシン油を使用，６～８月は幼虫の発生時期で気温や虫の種類によって発生時期が多少変わる。そのため10～11月を最も不適な時期と表現した。

9．③：コナガはアブラナ科の植物を加害する畑の大害虫である。イネ科は食害しない。

10．④：①で３m/s以上の風があるときはドリフトが強くなるので避ける。②はツバキのチャドクガなどには最適，③では乳剤や水和剤などの土壌灌注は登録があればできる。

[第５章]

1．④：ツユクサはツユクサ科で，カタバミ科にはカタバミやムラサキカタバミなどがある。

2．④：ササやタケはイネの仲間でイネ科雑草である。

3．④

4．②

5．②：ヒメムカシヨモギやアレチノギクは一年生の植物で球根はつくらない。

6．③：法面では適正に草を生やし，土砂の流亡を抑えることが必要である。

7．④：①で大木の下では光不足になり，雑草は生育が抑制される。②では接触型の茎葉処理剤であれば枯らすことはできるが，雑草が繁茂すれば効果は落ちる。③では植木の根に除草剤が接触すると生育は抑制されることが多い。

8．②

9．④：草花の生育中は除草剤が草花に付着しやすいので避けるべきである。土壌処理剤の散布直後の植えつけは薬害の原因にもなる。雑草は大きくなると除草しにくくなるので，草花の生育中は早期に手取りする方がよい。

10．④：噴霧器は軽く水洗いをしただけでは薬剤は落ちない。特にホルモン剤などは落ちにくいので，３～４回十分に洗う必要がある。

索　　引

あ

か

さ

た

な

は

委員一覧

平成１０年１１月

<監修委員>

平　野　和　彌　　千葉大学名誉教授

<執筆委員>

木　﨑　忠　重　　日産緑化株式会社

（委員名は五十音順，所属は執筆当時のものです）

厚生労働省認定教材	
認定番号	第59009号
認定年月日	平成10年９月28日
改定承認年月日	平成21年２月20日
訓練の種類	普通職業訓練
訓練課程名	普通課程

緑化植物の保護管理と農業薬剤　©

平成10年11月10日　初版発行　　定価：本体 1,886円＋税

平成22年３月25日　改訂版発行

平成28年９月20日　改訂２版発行

編集者　独立行政法人 高齢・障害・求職者雇用支援機構
職業能力開発総合大学校 基盤整備センター

発行者　一般財団法人 職業訓練教材研究会

〒162-0052
東京都新宿区戸山１丁目15－10
電　話　03（3203）6235
FAX　03（3204）4724

ISBN978-4-7863-1147-5